1 正の数・負の数

1 正の数・負の数

次の数直線について答えなさい。

(1) ア〜オにあたる数を答えなさい。

ア <u>−4</u>，イ <u>−1.5</u>，ウ <u>0</u>，エ <u>+0.5</u>，オ <u>+3</u>

(2) ア〜オで，次にあてはまるものをすべて選びなさい。

　①負の数…<u>ア</u>，<u>イ</u>　　②整数…<u>ア</u>，<u>ウ</u>，<u>オ</u>

　③自然数…<u>オ</u>　　　　④絶対値がもっとも大きい数…<u>ア</u>
　　　　　　　　　　　　　　└原点からの距離

2 加法と減法

次の計算をしなさい。

(1) $(−4)+(−3)$
　　　　　┌絶対値の和
　$= −(4+3) = −7$
　　　└共通の符号

(2) $(+2)+(−6)$
　　　　　　┌絶対値の差
　$= −(6−2) = −4$
　　　└絶対値が大きい方の符号

(3) $(−3)−(+5)$
　$= (−3)+(−5)$
　　　　　└加法の式になおす
　$= −(3+5) = −8$

(4) $(+1)−(+6)+(−3)−(−4)$
　$= +1−6−3+4$
　　　　　└符号に注意する
　$= +5−9 = −4$

3 乗法と除法，四則計算

次の計算をしなさい。

(1) $(−3)×(−2)$
　$= +(3×2)$
　　　└同符号の2数の積
　$= +6$

(2) $(−24)÷(+8)$
　$= −(24÷8)$
　　　└異符号の2数の商
　$= −3$

(3) $5×(−7)×(−2)$
　$= +(5×7×2)$
　　　└負の数が偶数個
　$= 70$
　　　└正の符号は省略できる

(4) $(−3)^2×(−2)^3−(−6^2)$
　$= (+9)×(\underline{−8})−(\underline{−36})$
　$= −72+36$
　　　└乗除を先に計算する
　$= −36$

(5) $\dfrac{7}{4}+\dfrac{9}{4}÷\left(−\dfrac{6}{5}\right)$
　$= \dfrac{7}{4}+\dfrac{9}{4}×\left(−\dfrac{5}{6}\right)$
　　　　　　　　　└逆数をかける
　$= \dfrac{7}{4}−\dfrac{15}{8} = −\dfrac{1}{8}$

正の数・負の数

① 数直線上で，ある数に対応する点と原点との距離をその数の**絶対値**という。

例 −7の絶対値は7，絶対値が3の数は3と−3

② 負の数は，絶対値が大きいほど小さい。

加法と減法

① 同符号の2数の加法…**共通の符号を絶対値の和**につける。

② 異符号の2数の加法…**絶対値が大きい方**の符号を絶対値の**差**につける。

③ 減法…符号を変えて**加法**として計算できる。

乗法と除法，四則計算

① 同符号の2数の乗除…**正の符号を絶対値の積・商**につける。

② 異符号の2数の乗除…**負の符号を絶対値の積・商**につける。

③ 除法…**逆数**をかけて計算できる。

④ 積・商の符号
　負の数が奇数個…−
　負の数が偶数個…+

⑤ 四則計算では，**累乗**・かっこ→乗除→加減の順で計算する。

サクッと練習

1 次の問いに答えなさい。

(1) 5つの数 $+1$, $-\dfrac{9}{5}$, 0.8, 0, -2 を小さい順に並べなさい。

[　　　　　　　　　　　　　　　]

(2) -1.75 より 4 大きい数を書きなさい。

[　　　　　]

(3) 絶対値が $\dfrac{10}{3}$ より小さい整数は全部でいくつありますか。

[　　　　　]

2 次の計算をしなさい。

(1) $(-3)+(-5)-(-4)$

[　　　　　]

(2) $-4+11-7+2-8$

[　　　　　]

(3) $(-6)\times(+2)$

[　　　　　]

(4) $2\times(-4)-(-20)\div(-4)$

[　　　　　]

(5) $(-2)^2\times(-3)-(-2^2)$

[　　　　　]

(6) $\dfrac{3}{4}\times\left(-\dfrac{3}{2}\right)+\left(-\dfrac{5}{6}\right)\div\left(-\dfrac{4}{3}\right)$

[　　　　　]

3 たかしさんは学校の計算テストで，ある点数を毎回の目標にしました。その点数より高かったときは＋，低かったときは－を使って表にしました。3回の平均点が目標にした点数より5点高くなったとき，アに入る数を答えなさい。

1回目	2回目	3回目
-2	$+8$	ア

[　　　　　]

3回の平均点が目標にした点数より5点高い→$(-2)+(+8)+$ア$=+5$ ではない！

2 〈1年〉 文字と式

重要ポイント TOP3

積の表し方	1次式の加減	1次式の乗除
×ははぶき，数・文字の順で書く。	文字の項と数の項に分けて計算する。	分配法則を用いて計算する。

---

1 文字を使った式

次の問いに答えなさい。

(1) 次の式を，文字式の表し方にしたがって書きなさい。

① $a^3 \times b \times a^2$
$= \underline{a^5 b}$

② $x \times y \div (-4)$
$= -\dfrac{xy}{4} \left(-\dfrac{1}{4}xy \right)$
└ 符号を先につける

③ $(2p+5) \div 3$
$= \dfrac{2p+5}{3}$
└ 分子に（ ）は不要

(2) 下の図のように棒を並べて正方形をつくっていきます。

左の1本に3本加えて正方形を1個つくると考えると，
正方形を4個つくるときの棒の数は，
$1+3+3+3+3 = 1+3 \times 4 = 13$（本） だから，
正方形を n 個つくるときの棒の数は，
$1+3 \times \underline{n} = \underline{3n+1}$（本） と表されます。
└ 文字をふくむ項を先に書くことが多い
正方形を50個つくるとき，棒は全部で $\underline{151}$ 本必要です。
└ $3n+1$ に $n=50$ を代入する

---

2 1次式の計算

次の計算をしなさい。

(1) $-3a+5a$
　$= (-3+5)a = \underline{2a}$

(2) $8x+3-2x-5$
　$= (8-2)x+3-5 = \underline{6x-2}$

(3) $(7a-4)-(a-3)$
　$= 7a-4-a+3 = \underline{6a-1}$

(4) $2(x+4)-3(x+2)$
　$= 2x+8\ \underline{-3x-6} = \underline{-x+2}$

---

3 等しい関係を表す式

長さ x cm のリボンから a cm のリボンを8本切りとると，
残りが70 cm になった。この数量の関係を式で表しなさい。
　$x - \underline{8a} = \underline{70}$

得点アップ

文字を使った式

① **文字式のきまり**
　・×ははぶく。
　・÷は分数の形で表す。
　・数・文字（アルファベット順）の順で書く。
　・同じ文字の積は**累乗の指数**で表す。
　・1と文字の積では，1ははぶく。
　例 $(-1) \times a = -a$

② **代入と式の値**
　代入…式の中の文字を数におきかえること。
　式の値…文字に数を代入して計算した結果

1次式

① **1次の項**…数にかけられた文字が1つだけの項

② **係数**…文字にかけられた数

③ **1次式**…「1次の項だけ」または「1次の項と数の項の和」で表された式
　　　　┌ x の係数
　例 $\underline{4x}+3$
　　　└ 1次の項

1次式の計算

① 加法・減法
　「文字が同じ項」と「数の項」に分ける。

② 乗法
　分配法則を用いる。
　$a(b+c) = ab+ac$

③ 除法
　乗法になおして計算する。

サクッと練習

目標時間10分
分

 1 次の式を，文字式の表し方にしたがって書きなさい。

(1) $x \times (-4) + y \times z$　　　　(2) $a \times (-a) \div b \div c \times a$　　　　(3) $(x+y) \div a \div 5$

[　　　　　]　　　　[　　　　　]　　　　[　　　　　]

 2 次の問いに答えなさい。

(1) 底辺 a cm，高さ h cm の三角形の面積を，文字を使って式で表しなさい。

[　　　　　]

(2) $a = -3$ のとき，$4a^2 - 7a$ の値を求めなさい。

[　　　　　]

 3 次の計算をしなさい。

(1) $(3x-2) + (-x+4)$　　　　　　　　(2) $4(a+2) - 3(2a+1)$

[　　　　　]　　　　　　　[　　　　　]

(3) $\dfrac{1}{2}(x+1) - \dfrac{1}{3}(x-2)$　　　　　　(4) $\dfrac{p-2}{3} - \dfrac{5-p}{6}$

[　　　　　]　　　　　　　[　　　　　]

4 次の数量の関係を表す式をつくりなさい。

(1) x の3倍と y の4倍の和は x と y の和の2乗に等しい。

[　　　　　]

 (2) a 円持って買い物に行き，1個 b 円のケーキを m 個買おうとするとお金がたりなかった。

[　　　　　]

> 「お金がたりない」とあるので，何と何を比べればよいか考えよう。

3 〈2年〉 式の計算

重要ポイント TOP3

同類項	単項式の乗除	等式の変形
文字の部分が同じ項は係数をまとめることができる。	分数の形で表し、数や文字を約分していく。	左辺が解く文字の項だけになるように移項する。

1 単項式と多項式

次の式ア～オについて答えなさい。

ア $3x+5y$　イ $8xy$　ウ $-6a^2b$　エ $4x^2+3x+2$　オ $-pqr$

① 単項式…<u>イ，ウ，オ</u>　多項式…<u>ア，エ</u>

② エの項を全部書き出すと，<u>$4x^2$，$3x$，2</u>

③ 2次式は<u>イ，エ</u>
　└ アは1次式、ウ・オは3次式

2 式の計算

次の計算をしなさい。

(1) $4a+2b+3a-5b$
$=(4+3)a+(2-5)b$
$=\underline{7a-3b}$

(2) $(3x^2+x)-(x^2+2x)$
$=3x^2+x\ \underline{-x^2-2x}$
$=\underline{2x^2-x}$

(3) $4(3a-2b)$
$=\underline{12a-8b}$
　└ 分配法則を使う

(4) $6x^2y^2\div\dfrac{8}{3}x^3y\times2x^2$
$=\dfrac{6x^2y^2\times3\times2x^2}{8x^3y}=\underline{\dfrac{9xy}{2}}$

3 文字式の利用

次の問いに答えなさい。

(1) 連続する3つの整数の和は3の倍数であることを説明しなさい。

　　xを整数とすると，連続する3つの整数は

　　x，$x+1$，$x+2$と表すことができる。

　　$x+(x+1)+(x+2)=\underline{3x+3}=3(\underline{x+1})$

　　<u>$x+1$</u>は整数なので,連続する3つの整数の和は3の倍数である。

(2) 次の等式をxについて解きなさい。

　　$3x-5y+1=0$

　　　　　　$3x=\underline{5y-1}$　←xをふくまない項を移項

　　　　　　$x=\dfrac{5y-1}{3}$　←xの係数で両辺をわる

単項式と多項式

① **単項式**…数や文字をかけあわせてできる式
例 $7a$，$-5x^2$，8

② **多項式**…単項式の和で表される式
例 $x+1$，$3x^2y-2xy^3$

③ **次数**…単項式でかけられている文字の個数
例 $-2xy^3$の次数は4

④ 多項式の次数は各項の次数で最大の数
例 多項式$3x^2y-2xy^3$の次数は4

⑤ **同類項**…文字の部分が同じ項。同類項は,係数をまとめることができる。

文字式の利用

① 文字を使った説明
x, y, nを整数とすると,
連続する2つの整数
…x, $x+1$
2けたの整数
…$10x+y$
3の倍数…$3x$
偶数…$2n$
奇数…$2n+1$

② 等式の変形
解く文字をふくむ項を左辺に，ふくまない項を右辺に集める。

サクッと練習

目標時間10分 ⏱ 🔟 ☐ 分

1 次の計算をしなさい。

(1) $-2a+4b+1+3a-b$

[   ]

(2) $(3x-5y)-2(x-2y)$

[   ]

(3) $\dfrac{2}{5}(a-b)-\dfrac{a-3b}{4}$

[   ]

(4) $6x^2y\div(-2xy^3)\times(-xy)^2$

[   ]

2 次の等式を [ ] 内の文字について解きなさい。

 (1) $3a=x+2y$ 〔y〕

[   ]

(2) $-\dfrac{pqr}{3}=x$ 〔r〕

[   ]

3 右の図のように，ある月のカレンダーから横に 3 個，縦に 3 個合計 9 個の数字を抜き出します。真ん中の数を n とします。

日	月	火	水	木	金	土
					1	2	3
4	5	6	7	8	9	10
11	12	13	14	15	16	17
18	19	20	21	22	23	24
25	26	27	28	29	30	

ア	n	
		イ

(1) アとイに入る数を n を使った式で表しなさい。

ア [   ]　イ [   ]

(2) 真ん中の数 n の上，下，左，右にある 4 個の数の和は，n の 4 倍に等しくなることを文字を使って説明しなさい。

[

]

 先に左辺と右辺を入れかえてから y について解こう。

4 1次方程式

重要ポイント TOP3　　　[　月　　日]

1 次方程式	比例式	方程式の文章題
x をふくむ項を左辺，数は右辺に移項して解く。	$a:b=c:d$ ↓ $ad=bc$	文章から数量の関係を読み取り，方程式をつくる。

1 方程式と解

等式 $3x+5=17$ について，$x=1$ のとき左辺 $3x+5$ の値は 8 です。同じように，x に 2，3，…を代入していくと，$x=4$ のときに等式が成り立ちます。このことを「方程式 $3x+5=17$ の解は $x=4$ である」といいます。

x の値	$3x+5$
2	11	←3×2+5=11
3	14	
4	17	←右辺と等しい値
5	20	

2 方程式の解き方

次の方程式を解きなさい。

(1) $7x=-42$

$x=-\dfrac{42}{7}$
└ x の係数でわる
$\underline{x=-6}$

(2) $3x-1=-2x+14$
└右辺に └左辺に

$3x+2x=14+1$

$5x=15$

$\underline{x=3}$

(3) $\dfrac{x}{4}-1=\dfrac{x+1}{2}$
└両辺を 4 倍して分母をはらう

$x-4=2(x+1)$

$x-4=\underline{2x+2}$

$x-2x=\underline{2+4}$ $\quad\underline{x=-6}$

(4) $x:6=3:2$

$2x=6\times3$
└外項の積 └内項の積
$\underline{x=9}$

3 方程式の利用

長さ $60\,\text{cm}$ のひもを使って長方形をつくります。横を縦より $4\,\text{cm}$ 長くするとき，縦の長さは何 cm にすればよいですか。

長方形の縦の長さを $x\text{cm}$ とすると，横の長さは $\underline{(x+4)}\,\text{cm}$ まわりの長さは $\underline{2x+2(x+4)}\,(\text{cm})$ だから，方程式は

$2x+2(x+4)=\underline{60}$ になる。

これを解いて，$x=\underline{13}$　よって，縦の長さは，$\underline{13\,\text{cm}}$

得点アップ

方程式と解

例 等式 $2x=-x+9$ で，$x=3$ のとき，
左辺…2×3=6
右辺…-3+9=6
$x=3$ のときだけ等式が成り立つので**方程式**であり，$x=3$ を方程式の解という。

等式の性質

$A=B$ ならば，次の①〜⑤が成り立つ。
① $A+C=B+C$
② $A-C=B-C$
③ $AC=BC$
④ $\dfrac{A}{C}=\dfrac{B}{C}$ $(C\neq0)$
⑤ $B=A$

例 等式の性質を利用して方程式を解く。
$3x=6+x$
$3x-x=6+x-x$ …②
$2x=6$
$\dfrac{2x}{2}=\dfrac{6}{2}$ …④
$x=3$

分数をふくむ方程式

分数をふくむ方程式では，**分母の公倍数を両辺にかけて**，整数になおしてから解く。このように変形することを，**分母をはらう**という。

1 次の方程式を解きなさい。

(**1**) $9 - x = 3x + 5$

(**2**) $5(x-3) = 2(6-2x)$

[　　　　　] 　　　[　　　　　]

(**3**) $0.25x - 1.6 = 0.08(x-3)$

!ココ注意! (**4**) $\dfrac{3}{4}x = 1 - \dfrac{8-x}{3}$

[　　　　　] 　　　[　　　　　]

2 x の方程式 $5x + 4a = ax - 2$ の解が $x = 2$ のとき，a の値を求めなさい。

[　　　　　]

3 次の比例式を解きなさい。

(**1**) $x : 6 = 8 : 3$

(**2**) $x : (x+8) = 3 : 5$

[　　　　　] 　　　[　　　　　]

4 子ども会でお菓子を配ります。子ども1人に5個ずつ配ると21個余り，7個ずつ配ると3個たりません。子どもの人数とお菓子の個数を求めなさい。

子ども [　　　　　] 　　お菓子 [　　　　　]

> !ココ注意! 整数にも忘れず分母の最小公倍数をかけよう。

5 〈2年〉 **連立方程式 (1)**

重要ポイント TOP3

連立方程式の解
2つの方程式を同時に成り立たせる x, y の値の組。

加減法
係数の倍数関係に着目して消去する文字を決める。

代入法
係数が1の項があれば代入法で簡単に解ける。

1 加減法

$$\begin{cases} 3x - 4y = 9 & \cdots① \\ x - 3y = -2 & \cdots② \end{cases}$$

←係数をそろえやすい文字はどちらかを考える

① $\qquad 3x - 4y = 9$

②×3 $\quad \underline{-)3x - 9y = -6}$

←そろえた係数が同符号ならひき算，異符号ならたし算

$\qquad\qquad 5y = 15 \quad y = \underline{3} \quad \cdots③$

③を②に代入して，$x - 3 \times \underline{3} = -2 \quad x = \underline{7}$

2 代入法

$$\begin{cases} 2x + 3y = 9 & \cdots① \\ x - 2y = 1 & \cdots② \end{cases}$$

←1つの文字について解きやすい式はどちらかを考える

②より，$x = 2y + 1 \cdots③$

③を①に代入して，$2(2y + 1) + 3y = 9$

$\qquad\qquad \underline{4y + 2 + 3y} = 9 \quad y = \underline{1} \quad \cdots④$

④を③に代入して，$x = 2 \times \underline{1} + 1 = \underline{3}$

3 いろいろな連立方程式

次の連立方程式を解きなさい。

(1) $\begin{cases} 0.03x - 0.08y = 0.6 & \cdots① \\ \dfrac{3}{4}x + \dfrac{y}{3} = 1 & \cdots② \end{cases}$

①×100 ←係数を整数にする

$3x - 8y = 60 \quad \cdots③$

②×12 ←分母をはらう

$\underline{9x + 4y = 12} \quad \cdots④$

③＋④×2

$\qquad 3x - 8y = 60$

$\underline{+)18x + 8y = 24}$

$\qquad \underline{21x \qquad = 84}$

$\qquad\qquad\qquad x = \underline{4} \quad \cdots⑤$

⑤を③に代入して，

$3 \times 4 - 8y = 60 \quad y = \underline{-6}$

(2) $3x - y = 6x + y = 9$

$A = B = C$ の形の連立方程式は，次の組み合わせのうち1つを解きます。

$\begin{cases} A = B \\ A = C \end{cases} \begin{cases} A = B \\ B = C \end{cases} \begin{cases} A = C \\ B = C \end{cases}$

数字だけの簡単な式を2回使う組み合わせを選ぶとよいです。

$\begin{cases} 3x - y = 9 & \cdots① \\ 6x + y = 9 & \cdots② \end{cases}$

①，②を解いて，

$\underline{x = 2}, \quad \underline{y = -3}$

得点アップ

連立方程式と解

① **2元1次方程式**

例 $3x + y = 10$

x, y が整数のとき，この等式を成り立たせる x, y の値の組は

$x = 1$, $y = 7$

$x = 2$, $y = 4$

$x = 3$, $y = 1$

のように無数に存在する。

② **連立方程式の解**

例 2つの2元1次方程式

$\begin{cases} 3x + y = 10 \\ x + y = 6 \end{cases}$

をともに成り立たせる x, y の値は

$x = 2$, $y = 4$ だけ。

これを連立方程式の解という。

連立方程式の解き方

① **加減法**

2つの文字のどちらか一方の**係数の絶対値をそろえる**。

2つの式のたし算またはひき算で絶対値をそろえた文字の項を消去し，他方の文字の1次方程式をつくって解く。

② **代入法**

どちらか1つの式を等式変形により**1つの文字について解く**。

その式を他方の式の文字に代入し，1次方程式をつくって解く。

サクッと練習

目標時間10分

□分

1 次の連立方程式を解きなさい。

(1) $\begin{cases} 2x + 3y = 9 \\ 5x + 6y = 9 \end{cases}$

(2) $\begin{cases} 3x - 5y = 3 \\ 2x - y = 9 \end{cases}$

[   ]   [   ]

2 次の連立方程式を解きなさい。

(1) $\begin{cases} \dfrac{x}{6} + \dfrac{y-1}{3} = -1 \\ \dfrac{3}{4}x - \dfrac{y+1}{4} = 2 \end{cases}$

(2) $\begin{cases} 0.25x - 0.5y = 1 \\ 400x - 200y = 1000 \end{cases}$

[   ]   [   ]

3 次の問いに答えなさい。

(1) 連立方程式 $3x - y + 9 = 2x + 5y = x + 4y - 2$ を解きなさい。

[   ]

(2) 次の連立方程式の解が $x = 1$, $y = -3$ となるとき, a と b の値を求めなさい。

$\begin{cases} ax + 2y = b \\ 3x - by = 2a \end{cases}$

[   ]

!! 分母をはらうとき, 右辺にも同じ数をかけることを忘れないように。

連立方程式 (2)

[　　月　　日]

重要ポイント TOP3

文章題の解き方	速さの文章題	割合の表現
問題を図や表にして考えるとわかりやすい。	道のりの合計と時間の合計で式を2つつくる。	$x\% \to 0.01x$ a 割$\to \dfrac{a}{10}(0.1a)$

1 連立方程式の利用

1個80円のみかんと1個120円のりんごをあわせて20個買うと代金が1800円でした。それぞれ何個買いましたか。みかんの数を x 個，りんごの数を y 個として連立方程式をつくり，求めなさい。

あわせて20個買ったので，$\underline{x+y=20}$ …①

代金が1800円なので，$\underline{80x+120y=1800}$ …②

これを連立方程式として解くと，

②÷10−①×8

$$\begin{array}{r} 8x+12y=180 \quad \leftarrow\text{係数を簡単にする}\\ -)\underline{8x+\ 8y=160}\\ 4y=20 \quad y=\underline{5} \ \cdots③ \end{array}$$

③を①に代入して，$x+5=20$　$x=\underline{15}$

よって，みかん…$\underline{15}$ 個，りんご…$\underline{5}$ 個

2 速さの文章題

家から公園を通って2km離れた図書館まで行きました。家から公園までは分速60m，公園から図書館までは分速80mで歩くと全部で30分かかりました。家から公園までの道のりと公園から図書館までの道のりを求めなさい。

家から公園まで x m，公園から図書館まで y m とします。

道のりの合計が2kmなので，$x+y=\underline{2000}$ …①

┗ 単位をmにそろえる

全部で30分かかったので，$\dfrac{x}{60}+\dfrac{y}{80}=30$ …②

┗ 時間＝道のり÷速さ

これを連立方程式として解くと，

②×240−①×3

$$\begin{array}{r} 4x+3y=7200\\ -)\underline{3x+3y=6000}\\ \underline{x}\quad\ \ =\underline{1200} \ \cdots③ \end{array}$$

③を①に代入して，$\underline{1200}+y=2000$　$y=\underline{800}$

よって，家から公園まで…$\underline{1200\text{ m}}$，

　　　　公園から図書館まで…$\underline{800\text{ m}}$

得点アップ

連立方程式の利用

① 何を x, y とするかを決める。
② 等しい数量の関係に着目し，方程式を2つつくる。
③ 連立方程式を解く。
④ 問題の意味に適しているか確かめて，答えを書く。

速さの文章題

① 道のりの関係と時間の関係から2つの式をつくることが多い。
② 道のりを x, y とすると，時間の式は
$$\dfrac{x}{\text{速さ}}, \dfrac{y}{\text{速さ}}$$
③ 時間を x, y とすると，道のりの式は
速さ×x，速さ×y

割合の表し方

① **百分率**
$x\%\cdots\dfrac{x}{100}(0.01x)$

$x\%$引きの値段…

もとの値段×$\left(1-\dfrac{x}{100}\right)$

② **歩合**

a 割…$\dfrac{a}{10}$

b 分…$\dfrac{b}{100}$

a 割増しの量…

もとの量×$\left(1+\dfrac{a}{10}\right)$

1 ある食堂で400円のAランチと600円のBランチを販売しています。今日は合計で150食売れ，Aランチの売上高はBランチの売上高の3.5倍でした。AランチとBランチがそれぞれ何食ずつ売れたかを求めます。

(1) Aランチ，Bランチをそれぞれ x 食，y 食として，連立方程式をつくりなさい。

$$\left[\right]$$

(2) 売れたAランチとBランチの数をそれぞれ求めなさい。

Aランチ $\left[\right]$　　Bランチ $\left[\right]$

2 ある博物館の入館料は常設展示の400円と特別展示の500円の2種類があり，先月の入館料の合計は130万円でした。今月は常設展示の入館者が先月より20％増え，特別展示の入館者は30％減り，入館料の合計は1万円増えました。今月の常設展示と特別展示の入館者数をそれぞれ求めます。

(1) 先月の常設展示，特別展示の入館者数をそれぞれ x 人，y 人として，連立方程式をつくりなさい。

$$\left[\right]$$

(2) 今月の常設展示と特別展示の入館者数をそれぞれ求めなさい。

常設展示 $\left[\right]$　　特別展示 $\left[\right]$

> x，y とするのは先月の入館者数の方である。

7 比例と反比例 (1)

重要ポイント TOP3　　　[　　月　　日]

関数の意味	比例 $y=ax$	反比例 $y=\dfrac{a}{x}$
x の値を決めると y の値がただ 1 つに決まる関係	$a=\dfrac{y}{x}$ の値はつねに一定	$a=xy$ の値はつねに一定

1 比 例

深さ 60 cm の直方体の形をした空の水そうに，一定の割合で水を入れると，2 分後に水の深さが 10 cm になりました。水を入れ始めて x 分後の水の深さを y cm とします。

(1) 表にあてはまる数を書きなさい。

x	0	1	2	3	4	…	12
y	0	5	10	15	20	…	60

(2) y を x の式で表すと，$y=\underline{5x}$ となります。

(3) x，y のとる値の範囲について，適する数を書きなさい。

$0 \leqq x \leqq \underline{12}$ 　　　　 $0 \leqq y \leqq \underline{60}$

　　　└12 分でいっぱいになる　　└水の深さは 60cm まで

2 反比例

400 m の道のりを分速 x m の速さで進むと y 分かかりました。

(1) $x=50$ のとき $y=\underline{8}$，$x=\underline{100}$ のとき $y=4$ です。

(2) y を x の式で表すと，$y=\dfrac{400}{x}$ となります。

　　　　　　　　　└時間＝道のり÷速さ

3 比例・反比例の式

y を x の式で表しなさい。

(1) y は x に比例し，$x=6$ のとき $y=-18$

　　$y=ax$ に $x=6$，$y=-18$ を代入して，

　　$\underline{-18}=a\times\underline{6}$　$a=\underline{-3}$　これより，$y=\underline{-3x}$

(2) y は x に反比例し，$x=4$ のとき $y=12$

　　$y=\dfrac{a}{x}$ に $x=4$，$y=12$ を代入して，

　　$12=\dfrac{a}{4}$　$a=\underline{48}$　これより，$y=\dfrac{48}{x}$

得点アップ

関数の意味

① **関数**
　一方(x) の値を決めると他方(y) の値もただ 1 つに決まる関係

② **変数**…いろいろな値をとる文字

③ **変域**…変数がとる値の範囲

比例

① y が x に比例するとき，式は $y=ax$（a は**比例定数**）で表される。

② 商 $\dfrac{y}{x}$ が一定の関係

③ x の値が 2 倍，3 倍になると y の値も 2 倍，3 倍になる。

反比例

① y が x に反比例するとき，式は $y=\dfrac{a}{x}$（a は**比例定数**）で表される。

② 積 xy が一定の関係

③ x の値が 2 倍，3 倍になると y の値は $\dfrac{1}{2}$ 倍，$\dfrac{1}{3}$ 倍になる。

式の求め方

比例のときは $y=ax$ に，反比例のときは $y=\dfrac{a}{x}$ に x，y の値を代入して a の値を求める。

1 次のア〜エについて，次の問いに答えなさい。

　ア　1辺 x cm の正方形のまわりの長さ y cm

　イ　身長 x cm の人の体重 y kg

　ウ　面積が 100 cm^2 の長方形の縦の長さ x cm と横の長さ y cm

　エ　自然数 x の約数の個数 y 個

(1) y が x の関数であるものを選び，記号を書きなさい。

$\Big[\qquad\qquad\Big]$

(2) y が x に比例するもの，反比例するものをそれぞれ選び，記号を書きなさい。

比例 $\Big[\qquad\Big]$　　反比例 $\Big[\qquad\Big]$

2 長さ 30 m の針金の重さを量ると 600 g でした。

(1) この針金の長さと重さはどのような関係ですか。ことばで書きなさい。

$\Big[\qquad\qquad\Big]$

(2) この針金 x m の重さを y g とします。y を x の式で表しなさい。

$\Big[\qquad\qquad\Big]$

(3) 同じ針金でできた束があり，重さが 1 kg です。この束の針金の長さは何 m ですか。

$\Big[\qquad\qquad\Big]$

3 面積 12 cm^2 の三角形の底辺を x cm，高さを y cm とします。

(1) y を x の式で表しなさい。

$\Big[\qquad\qquad\Big]$

(2) x の変域を $2 \leqq x \leqq 6$ とするとき，y の変域を求めなさい。

$\Big[\qquad\qquad\Big]$

> 数の大小に注意して不等号を使って表そう。

〈1年〉

比例と反比例 (2)

重要ポイント TOP3　　[　　月　　日]

座標	比例のグラフ	反比例のグラフ
x 軸は横，y 軸は縦の数直線とみて座標を決める。	原点を通る直線で，a の値によって通る点が決まる。	双曲線は x 軸，y 軸と交わらない2本の曲線

1 座 標

右の図について答えなさい。

(1) 点 A，B の座標をいいなさい。

A(4，2)　B(−2，1)

(2) 次の点を右の図に示しなさい。

C(3，−1)　D(−4，−2)

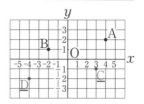

2 比例のグラフ

次の問いに答えなさい。

(1) 比例の式 $y = -2x$ について

① $x = 0$ のとき $y = 0$

　$x = 1$ のとき $y = -2$

② $y = -2x$ のグラフをかきなさい。

(2) 次のグラフをかきなさい。

① $y = 3x$　② $y = -\dfrac{2}{3}x$

↳ 原点と点(3，−2)を通る

(3) アのグラフの式は，$y = \dfrac{1}{2}x$

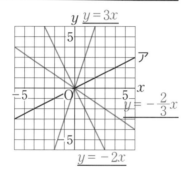

3 反比例のグラフ

次の問いに答えなさい。

(1) 反比例の式 $y = \dfrac{6}{x}$ について表を完成させ，グラフをかきなさい。

x	−2	−1	0	1	2	3	4
y	−3	−6	×	6	3	2	$\dfrac{3}{2}$

(2) アのグラフの式は，$y = -\dfrac{8}{x}$

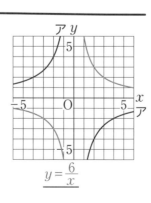

得点アップ

座標

x 軸と y 軸を合わせて**座標軸**という。

比例 $y = ax$ のグラフ

① 原点を通る直線

(a>0)　(a<0)

② $y = ax$ のグラフは点(1，a)を通る。

$y = \dfrac{q}{p}x$ のグラフは点(p，q)を通る。

反比例 $y = \dfrac{a}{x}$ のグラフ

① 双曲線

(a>0)　(a<0)

② (1，a)，(a，1)を通る。さらに a の約数を利用して x 座標，y 座標がともに整数である点をさがしてグラフをかく。

グラフから式を求める

グラフが通る点の座標の値を比例の式・反比例の式の x，y に代入して比例定数 a を求める。

サクッと練習

 1 次の比例や反比例のグラフをかきなさい。

(**1**) $y = -x$

(**2**) $y = \dfrac{3}{2}x$

(**3**) $y = \dfrac{8}{x}$

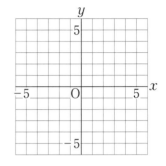

 2 右のグラフについて答えなさい。

(**1**) アの式を求めなさい。

[　　　　　]

(**2**) イの式を求めなさい。

[　　　　　]

(**3**) 比例のグラフを選び，記号を書きなさい。

[　　　　　]

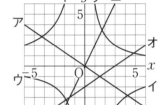

3 右の図で，直線アの式は $y = \dfrac{1}{3}x$ です。点Aは直線アと
双曲線イの交点で，x 座標は6です。点Bはアとイのもう
ひとつの交点で，x 座標と y 座標はともに負の数です。

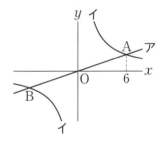

(**1**) 点Aの y 座標を求めなさい。

[　　　　　]

(**2**) イの式を求めなさい。

[　　　　　]

(**3**) 点Bの y 座標を求めなさい。

[　　　　　]

 点Aは直線ア上にあるので，x と y の関係からわかる。

9 1次関数（1）

[　月　日]
重要ポイント TOP3

1次関数の式	関数の値の変化	1次関数のグラフ
$y=ax+b$	変化の割合は，$\dfrac{y \text{の増加量}}{x \text{の増加量}}$	$y=ax+b$
ax →比例部分		a…傾き
b →定数部分		b…切片

1 1次関数

水そうに水が 20 L 入っています。この水そうに 1 分間に 5 L ずつ水を入れます。水を入れ始めて x 分後の水そうの水の量を y L とします。

(1) $x=4$ のとき，$y=\underline{40}$ です。

(2) x と y の関係を表にしました。空らんにあてはまる数を書きなさい。

x	0	1	2	3	4	5	6	…	10
y	20	25	30	35	40	45	50	…	70

(3) $x=0$ のとき $y=20$ で，x の値が 1 増加するとき y の値は $\underline{5}$ 増加することから，x と y の関係を 1 次関数の式で表すと，$y=\underline{5}x+\underline{20}$ となります。

2 関数の値の変化

1 次関数 $y=4x+1$ において，x の値が 2 から 5 まで変化するときについて答えなさい。

$x=2$ のとき y の値は 9，$x=5$ のとき y の値は $\underline{21}$ です。

このとき，x の増加量は $5-2=3$，y の増加量は $\underline{21}-9=\underline{12}$

よって，変化の割合は $\dfrac{12}{3}=\underline{4}$ となります。
　　　　　　　　　　　　└ x の係数

3 1次関数のグラフ

右の図の直線は 1 次関数のグラフです。

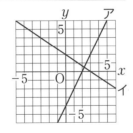

(1) 直線アの傾きと切片を答えなさい。

傾き…$\underline{2}$　　切片…$\underline{-4}$
　　　　　　　　└ y 軸との交点の y 座標

(2) 直線イが表す 1 次関数の式は，

$y=-\dfrac{2}{3}x+2$ です。
　└ 右に 3，下に 2

1次関数

① y が x の 1 次式で表されるとき，y は x の **1次関数**であるという。

② 1 次関数の式は，$y=ax+b$

③ 比例の式 $y=ax$ は，1 次関数の特別な場合（$b=0$ のとき）である。

関数の値の変化

① **増加量＝変化した後の量－変化する前の量**

例 x の値が 2 から 5 まで変化するときの x の増加量は $5-2=3$

② 変化の割合＝$\dfrac{y \text{の増加量}}{x \text{の増加量}}$

③ 1 次関数の変化の割合は**一定**で，$y=ax+b$ の「a」と等しい。

1次関数のグラフ

① $y=ax+b$ のグラフは，**傾きが** a，**切片が** b の直線。

② $a>0$ のとき右上がり（x が増加→y は増加）$a<0$ のとき右下がり（x が増加→y は減少）

③ 1 次関数 $y=ax+b$ のグラフは比例のグラフ $y=ax$ に**平行**で，y 軸上の点 $(0, b)$ を通る。

サクッと練習

1 1次関数 $y = 2x - 4$ において，x の値が1から5まで増加します。

(**1**) x の増加量を求めなさい。

$$\left[\right]$$

(**2**) y の増加量を求めなさい。

$$\left[\right]$$

(**3**) 変化の割合を求める式を書いて，変化の割合を求めなさい。

式 $\left[\right]$　　変化の割合 $\left[\right]$

2 次の1次関数のグラフをかきなさい。

(**1**) 傾きが-2，切片が3の直線　　　(**2**) 1次関数 $y = \dfrac{1}{2}x + 2$

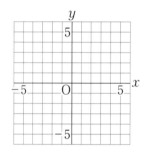

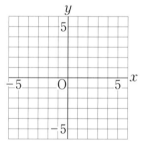

3 右の図の直線ア〜ウの式を求めなさい。

ア $\left[\right]$

イ $\left[\right]$

ウ $\left[\right]$

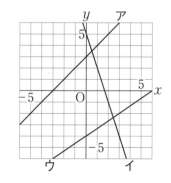

変化の割合 $= \dfrac{y \text{ の増加量}}{x \text{ の増加量}}$ である。分母と分子を逆にしないように注意しよう。

10 〈2年〉 1次関数 (2)

重要ポイント TOP3

関数の式の求め方	方程式とグラフ	2直線の交点
$y=ax+b$ に x, y の値を代入して, a や b を求める。	$ax+by+c=0$ を $y=mx+n$ に変形する。	交点の座標は連立方程式を解くことで求められる。

1 1次関数の式の求め方

次の1次関数の式を求めなさい。

(1) 変化の割合が2で, $x=1$ のとき $y=5$

求める1次関数の式を $y=\underline{ax+b}$ とする。

変化の割合が2なので, $y=2x+b$

$x=1$, $y=5$ を代入して, $\underline{5}=2\times\underline{1}+b$ より, $b=\underline{3}$

求める関数の式は, $\underline{y=2x+3}$

(2) グラフが2点 $(1, -1)$, $(-2, 8)$ を通る。

$y=ax+b$ に x, y の値の組をそれぞれ代入する。

$-1=a+b$, $\underline{8}=\underline{-2a+b}$

これを連立方程式として解いて, $a=\underline{-3}$, $b=\underline{2}$

求める関数の式は, $\underline{y=-3x+2}$

2 方程式とグラフ

右の図について答えなさい。

アの式は $x=\underline{5}$ です。

イの式は $\underline{y=-2}$ です。

ウの式は $3x-4y+1=0$ です。

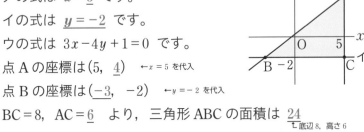

点Aの座標は $(5, \underline{4})$　←$x=5$ を代入

点Bの座標は $(\underline{-3}, -2)$　←$y=-2$ を代入

$BC=8$, $AC=\underline{6}$　より, 三角形ABCの面積は $\underline{24}$
↳底辺8, 高さ6

3 2直線の交点

1次関数 $y=x-1$ と $y=-2x+5$ の
グラフの交点の座標を求めなさい。

$y=x-1$ と $y=\underline{-2x+5}$ を連立

方程式として解いて, $x=\underline{2}$, $y=\underline{1}$

よって, $(\underline{2}, \underline{1})$

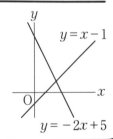

得点アップ

1次関数の式の求め方

① $y=ax+b$

  a…**傾き・変化の割合**

  b…**切片**(y軸との交点のy座標)

② x, y の値を式に代入してa, bを求める式をつくる。

③ グラフが通る点の座標の値をx, yに代入して求める。

方程式とグラフ

① 2元1次方程式

  $ax+by+c=0$ は

  $y=mx+n$ に変形すると傾きと切片が分かる。

② $ax+by+c=0$ に, **$x=0$ を代入するとy軸との交点**が求められ, **$y=0$ を代入するとx軸との交点**が求められる。

③ $ax+by+c=0$ で, $a=0$ のとき $y=k$

  グラフはx軸に平行

  $b=0$ のとき $x=h$

  グラフはy軸に平行

2直線の交点

① 2つの式を連立方程式として解くと, **解がグラフの交点の座標を表す。**

② 1次関数 $y=ax+b$ の形の式が2つあるときは, それぞれの右辺を等号で結んだ式をつくる。

サクッと練習

目標時間10分

□ 分

1 次の1次関数の式を求めなさい。

(1) 変化の割合が−2で，$x=3$ のとき $y=1$

[ ]

(2) グラフが2点$(1,\ 5)$と$(3,\ -1)$を通る

[ ]

(3) グラフが比例 $y=3x$ のグラフに平行で，点$(-2,\ 1)$を通る

[ ]

(4) x の値が−1から2まで増加するときの y の増加量が6で，グラフが点$(0,\ -4)$を通る

[ ]

2 右の図で，直線アは $y=2x+8$，直線イは $y=-x+5$ のグラフです。アとイの交点をA，x 軸とア，イの交点をそれぞれB，Cとします。

(1) 点Aの座標を求めなさい。

[ ]

(2) 点Bの座標を求めなさい。

[ ]

(3) 線分BCの長さを求めなさい。

[ ]

(4) 三角形ABCの面積を求めなさい。

[ ]

> 点Bの y 座標は0なので，直線アの式に $y=0$ を代入しよう。

重要ポイント TOP3

直線と線分	図形の移動	円
端点があるかない かで区別する。	平行移動（ずらす） 対称移動（裏返す） 回転移動（まわす）	円の接線は，その 接点を通る半径に 垂直である。

11 〈1年〉 平面図形 (1)

1 直線と線分

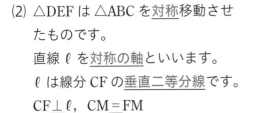

線分 AB　　直線 AB　　半直線 AB　　半直線 BA

2 図形の移動

(1) △DEF は △ABC を平行移動させ
たものです。
AD = BE = CF　（長さが等しい）
AD // BE // CF　（平行）

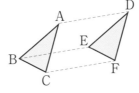

(2) △DEF は △ABC を対称移動させ
たものです。
直線 ℓ を対称の軸といいます。
ℓ は線分 CF の垂直二等分線です。
CF⊥ℓ，CM = FM

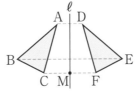

(3) △DEF は △ABC を回転移動させ
たものです。
点 O を回転の中心といいます。
∠AOD = ∠BOE = ∠COF
AO = DO，BO = EO，CO = FO

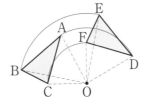

3 円

(1)

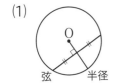

弦　　半径

弦に垂直な半径は，その
弦の垂直二等分線になっ
ています。

(2)

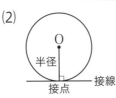

半径
接点　接線

円の接線はその接点を通
る半径に垂直です。

得点アップ

図形の移動

① 平行移動
図形を一定の方向に
一定の距離だけ動か
す移動。対応する点
を結んだ線分はすべ
て平行で長さが等し
い。

② 対称移動
図形をある直線を軸
に折り返す移動。対
称の軸は対応する点
を結んだ線分の垂直
二等分線である。

③ 回転移動
図形をある点を中心
に一定の角度だけ回
転させる移動。回転
の中心と対応する点
を結ぶ線分がつくる
角の大きさはすべて
等しい。

円とおうぎ形

① おうぎ形

半径　中心角
弧

② 円はどの直径に対し
ても線対称な図形で
ある。おうぎ形は中
心角を2等分する直
線について線対称な
図形である。

サクッと練習

目標時間10分

分

1 右の図で，△DEF は △ABC を平行移動させ，対応する頂点を線分で結んだものです。

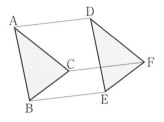

(1) CF と AD の関係を記号を使って2つ書きなさい。

[　　　　　　　　　]

(2) ∠EDF と大きさが等しい角はどれですか。

[　　　　]

2 右の図について答えなさい。

(1) 三角形アを平行移動させた三角形はどれですか。

[　　　　]

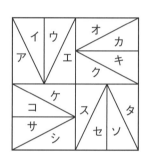

(2) 三角形エを1回の移動でスの位置に重ねるには，どのような移動をすればよいですか。

[　　　　　　　　]

(3) 三角形ケを2回の移動でカの位置に重ねる方法を考えました。[　]に適することばや記号を書きなさい。

① 1回目にキの位置に[　　　　]移動し，2回目にカの位置に[　　　　]移動する。

② 1回目に[　　　　]の位置に対称移動し，2回目にカの位置に[　　　　]移動する。

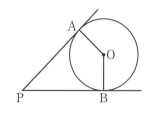
3 右の図で，PA，PB は円Oの接線で，点A，Bは円Oとの接点です。∠AOB＝130°のとき，∠APB の大きさを求めなさい。

[　　　　　]

!! 点対称移動は180°の回転移動のことである。対称移動と間違えやすいので注意。

12 〈1年〉 平面図形 (2)

重要ポイント TOP3

垂直二等分線
線分の両端からの距離が等しい点の集まり

角の二等分線
角をつくる2辺からの距離が等しい点の集まり

おうぎ形
弧の長さと面積は，中心角の大きさに比例する。

1 基本の作図

(1) 垂直二等分線の作図

① 線分の両端 A，B をそれぞれ中心とする等しい<u>半径</u>の円を，交点が2つできるようにかく。

② 2つの<u>交点</u>を結ぶ。

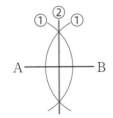

(2) 角の二等分線の作図

① O を中心とする円をかく。

② ①の円と AO，BO との<u>交点</u>を中心とする等しい半径の円をかく。

③ ②の2円の交点と O を結ぶ。

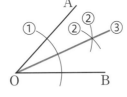

(3) 垂線の作図

① ℓ 上の点 P を通る垂線　② ℓ 上にない点 P を通る垂線

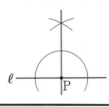 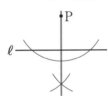

2 おうぎ形の弧の長さ・面積

半径 6 cm，中心角 150° のおうぎ形について答えなさい。

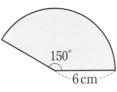

(1) 弧の長さを求めなさい。

半径を r，中心角を $a°$ とすると，

弧の長さ ℓ は $\ell = \underline{2\pi r} \times \dfrac{a}{360}$ だから，

└ 円全体に対する割合

$2\pi \times \underline{6} \times \dfrac{150}{360} = \underline{5\pi}$(cm)

(2) 面積を求めなさい。

半径を r，中心角を $a°$ とすると，

面積 S は $S = \underline{\pi r^2} \times \dfrac{a}{360}$ だから，$\pi \times \underline{6}^2 \times \dfrac{150}{360} = \underline{15\pi}$(cm²)

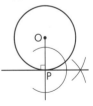

サクッと練習

目標時間10分

◻︎ 分

  1 次の作図をしなさい。

(1) AP＝BP となる直線 ℓ 上の点 P   (2) 45° の ∠ABC

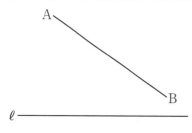

 (3) 2 つの半直線 OX，OY のどちらにも接し，
点 P で半直線 OY に接する円

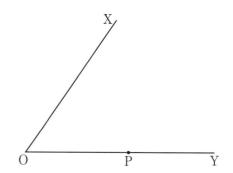

 2 下の図について，次のものを求めなさい。

(1) おうぎ形の弧の長さと面積　(2) おうぎ形の中心角と面積　(3) 色のついた部分の面積

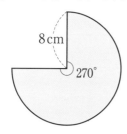

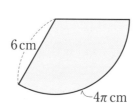

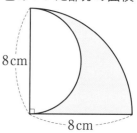

弧の長さ [　　　　]　　中心角 [　　　　]　　[　　　　　]

面積　　[　　　　]　　面積　[　　　　]

! ∠XOY の中にはさまれた円の中心は ∠XOY の二等分線上にある。

〈1年〉
13 空間図形 (1)

[　　月　　日]

重要ポイント TOP3

多面体	ねじれの位置	平面の決定
角柱・角錐・正多面体など平面で囲まれた立体	2直線が平行でなく交わらない位置関係にあること。	・異なる3点 ・1直線と1点 ・2直線

1 いろいろな立体

次の立体の名まえを書きなさい。

　　　　　　（底面は正方形）　（底面は正六角形）

三角柱　　　正四角錐　　　正六角柱　　　円柱　　　円錐

2 面の動きと回転体

平面を動かして立体をつくりました。名まえを書きなさい。

(1) 垂直に動かす　　　　(2) 軸のまわりに1回転させる

① 三角形　② 円　　　　① 長方形　② 直角三角形

三角柱　　　円柱　　　　円柱　　　円錐

3 空間の位置関係

右の立体は，直方体から三角柱を切り取ってできた立体です。次の面や辺の位置関係を答えなさい。

(1) 面Pと面Q…平行

　　面Pと面S…交わる

　　面Pと面R…<u>垂直</u>
　　　　　　　└ 垂直は特別な交わり方

(2) 面Pと辺BC…<u>平行</u>

　　面Pと辺CG…交わる　　面Pと辺BF…<u>垂直</u>

(3) 辺FGと辺BC…平行　　辺FGと辺CG…<u>交わる</u>

　　辺FGと辺GH…垂直　　辺FGと辺AB…<u>ねじれの位置</u>
　　　　　　　　　　　　　└ 平行でなく交わらない2直線

柱体と錐体

① **角柱**…2つの底面が合同な多角形で，側面が長方形

　正角柱…底面が正多角形で，側面がすべて合同な長方形

② **角錐**…底面が多角形で側面が三角形

　正角錐…底面が正多角形で，側面がすべて合同な二等辺三角形

回転体

平面図形を1つの直線を軸として回転させてできる立体

正多面体

どの面も合同な正多角形で，どの頂点にも同じ数の面が集まっている立体。**全部で5種類**

空間の位置関係

① **平面が決まる条件**
　・同一直線上にない3点
　・直線とその直線上にない1点
　・交わる2直線
　・平行な2直線

② **ねじれの位置**にある2直線は同一平面上にない。

1 次の[　]に適する数やことばを答えなさい。

(1) 三角柱には面が[　　　　]つ，辺が[　　　　]本あります。

(2) 六角錐（ろっかくすい）には面が[　　　　]つあり，頂点の数は[　　　　]です。

(3) 長方形の1辺を軸として1回転させたときにできる立体は[　　　　]です。

2 正多面体について，表を完成させなさい。

	正四面体	正六面体	正八面体		正二十面体
面の形	正三角形	正方形		正五角形	
面の数	4	6	8		20
1つの頂点に集まる面の数		3		3	
辺の数	6		12		30
頂点の数	4	8			

3 次のことがらがつねに正しいものには○，そうでないものには×をつけなさい。

(1) 同じ直線上にない3つの点を通る平面はただ1つしかない。

[　　　　]

(2) 面Pと面Qが平行で，面Pと面Rが垂直であるとき，面Qと面Rは垂直である。

[　　　　]

(3) 面Pと直線 ℓ が平行で，面Pと直線 m が平行であるとき，直線 ℓ と直線 m は平行である。

[　　　　]

 直方体の見取図をかき，面や辺の位置関係を目で見ながら考えよう。

14 空間図形 (2)

〈1年〉

重要ポイント TOP3		
柱体の側面積 側面積は1つの長 方形の面積として 考える。	柱体と錐体の体積 等しい底面・高さ の錐体の体積は柱 体の体積の$\frac{1}{3}$	円錐の側面積 母線と半径の比を 使って中心角・面 積を考える。

[　　月　　日]

---

1 角柱・角錐の計量

(1) 右の図の三角柱の表面積と体積を求めなさい。

表面積は底面積2つと側面積なので,

$$\frac{1}{2}\times6\times8\times\underline{2}+5\times\underbrace{(\underline{6+8+10})}_{底面のまわりの長さ}$$

$$=48+\underline{120}=\underline{168}\,(\text{cm}^2)$$

体積は, $\underbrace{\frac{1}{2}\times6\times8}_{底面積}\times5=\underline{120}\,(\text{cm}^3)$

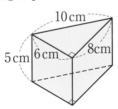

(2) 右の図の三角錐（さんかくすい）の体積は,

$$\frac{1}{3}\times\frac{1}{2}\times7\times4\times6=\underline{28}\,(\text{cm}^3)$$

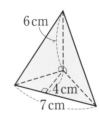

---

2 円柱・円錐の計量

(1) 右の展開図で示された円柱の側面積と体積を求めなさい。

側面の長方形の横の長さは

<u>底面の円周</u>に等しい。

側面積は, $4\times\underline{2\pi\times3}=\underline{24\pi}\,(\text{cm}^2)$

体積は, $\underbrace{\pi\times3^2}_{底面積}\times4=\underline{36\pi}\,(\text{cm}^3)$

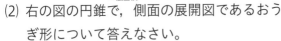

(2) 右の図の円錐で，側面の展開図であるおうぎ形について答えなさい。

① 弧（こ）の長さを求めなさい。

弧の長さと<u>底面の円周</u>は等しいので,

$$2\pi\times\underline{3}=\underline{6\pi}\,(\text{cm})$$

② 中心角を求めなさい。

$$360°\times\frac{2\pi\times3}{2\pi\times9}=360°\times\frac{3}{9}=\underline{120}°$$
$$\underset{\substack{半径\,r\\母線\,R}}{}$$

③ 側面積を求めなさい。

$$\pi\times9^2\times\frac{120}{360}=\pi\times9^2\times\frac{3}{9}=\underline{27\pi}\,(\text{cm}^2)$$

公式 $S=\pi Rr$ を使うと, $\pi\times\underline{9}\times3=\underline{27\pi}\,(\text{cm}^2)$

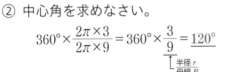
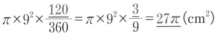

得点アップ

柱体の表面積と体積

① 表面積＝
　底面積×2＋側面積
　側面積＝高さ×底面
　のまわりの長さ
② 体積＝底面積×高さ

錐体の表面積と体積

① 表面積＝
　底面積＋側面積
② 体積＝
　$\frac{1}{3}$×底面積×高さ

円錐の側面積

底面の半径 r・母線 R

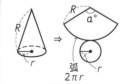

① おうぎ形の中心角 $a°$

$$a=360\times\frac{r}{R}$$

② 側面積 $S=\pi Rr$
　の導き方

$$S=\pi R^2\times\frac{2\pi r}{2\pi R}$$
$$=\pi Rr$$

球の表面積 S と体積 V

球の半径を r とすると,
$$S=4\pi r^2$$
$$V=\frac{4}{3}\pi r^3$$

サクッと練習

目標時間10分

分

1 次の問いに答えなさい。

(1) 四角柱の体積を求めなさい。

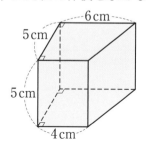

6cm
5cm
5cm
4cm

[   ]

(2) 正四角錐の表面積を求めなさい。

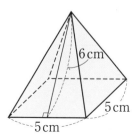

6cm
5cm
5cm

[   ]

(3) 円柱の体積と表面積を求めなさい。

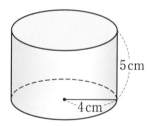

5cm
4cm

(4) 円錐を半分に切った立体です。体積を求めなさい。

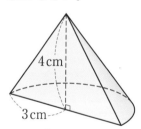

4cm
3cm

体積
[   ]
表面積
[   ]

[   ]

2 右の図は半径6cmの球を，その中心を通る平面で2等分してできた立体(半球)です。この立体の体積と表面積を求めなさい。

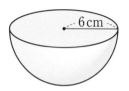

6cm

体積 [   ]   表面積 [   ]

!ココ注意! 球の体積と表面積の公式を混同しないように気をつけよう。

〈2年〉

15 図形の角と合同（1）

重要ポイント TOP3

直線がつくる角	三角形の外角	多角形の角
対頂角は等しい。平行線の同位角・錯角は等しい。	1つの外角は残りの2つの内角の和に等しい。	内角の和は $180° \times (n-2)$，外角の和は $360°$

1 対頂角，平行線と角

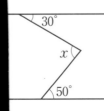

$30°$

x

$50°$

$= 80°$
└ $\angle x$ の頂点を通る平行線をひく

2

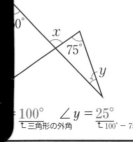

x

$75°$

y

$= 100°$　$\angle y = 25°$
└三角形の外角　└$100° - 75°$

3 多角形の角

(1) 五角形の角について答えなさい。

① 内角の和は $\underline{540°}$ です。
└$180° \times (5-2)$

② しるしをつけた5つの角の和は

$\underline{360°}$ です。
└多角形の外角の和は $360°$

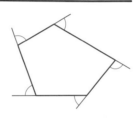

(2) 正六角形の1つの内角の大きさは
└外角は $360° \div 6$

$\underline{120°}$ です。

得点アップ

対頂角・同位角・錯角

① **対頂角は等しい。**

② 同位角・錯角は2つの角の位置関係を表す。

アとウの角は**同位角**
イとウの角は**錯角**

ア
イ
ウ

平行線と角

① 平行線の性質
同位角は等しい。
錯角は等しい。

② 同位角または錯角が等しいときは，2直線は平行であるといえる。

三角形の角

① 三角形の内角の和は $180°$

② 三角形の外角はそれととなり合わない2つの内角の和に等しい。

a
b
$a+b$

多角形の角

① n 角形の内角の和は，
$180° \times (n-2)$

② 外角の和は $360°$

サクッと練習

目標時間10分

[　　　　]分

 1 次の図で，$\ell /\!/ m$ のとき，$\angle x$ の大きさを求めなさい。

(1)

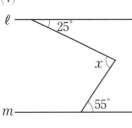

[　　　　]

(2)

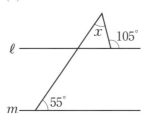

[　　　　]

(3)

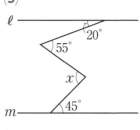

[　　　　]

 2 次の図で，$\angle x$ の大きさを求めなさい。

(1)

[　　　　]

(2) $\angle ABE = \angle EBD$，$\angle ACE = \angle ECD$

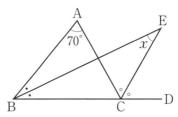

[　　　　]

3 次の問いに答えなさい。

(1) 右の図の5つの角 $\angle a$，$\angle b$，$\angle c$，$\angle d$，$\angle e$ の和を求めなさい。

[　　　　]

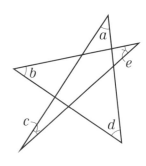

(2) 1つの内角の大きさが $150°$ である正多角形があります。この正多角形の内角の和を求めなさい。

[　　　　]

 正何角形かを求めるには，多角形の外角の和＝$360°$ を利用する。

16 〈2年〉 図形の角と合同 (2)

重要ポイント TOP3

三角形の合同条件	頂点は対応の順	証明の道すじ
・3組の辺	合同な図形に関す	仮定と結論を区別
・2組の辺とその間の角	る式では頂点を対	し, 根拠にもとづ
・1組の辺とその両端の角	応順に書く。	いて証明する。

1 三角形の合同条件

次の図で, 同じしるしをつけた辺や角は等しくなっています。
合同な三角形の組と合同条件を書きなさい。

(1)
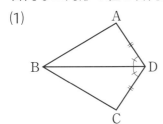

(2)

三角形…△ABD ≡ △CBD

合同条件…<u>2 組の辺とその</u>
<u>間の角</u>がそれぞれ等しい

三角形…△ABE ≡ △DBC

合同条件…<u>1 組の辺とその両</u>
<u>端の角</u>がそれぞれ等しい

2 合同と証明

右の図のように, 線分 AB と CD が
点 E で交わっています。AE = BE,
CE = DE ならば, AC = BD となり
ます。

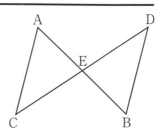

(1) 仮定と結論を書きなさい。

　　仮定　AE = BE, CE = DE

　　結論　<u>AC = BD</u>

(2) このことを証明しなさい。

　　<u>△ACE と △BDE において,</u>
　　　└ 合同になる 2 つの三角形を示す

　　仮定より, AE = BE …① 　CE = DE …②

　　<u>対頂角</u>は等しいから, <u>∠AEC = ∠BED</u> …③
　　　　　　　　　　　　　　　└ 合同条件に合う角

　　①, ②, ③より,

　　<u>2 組の辺とその間の角がそれぞれ等しいので,</u>

　　△ACE ≡ △BDE

　　よって, AC = BD

16

得点アップ

合同な図形の性質

合同な図形では**対応す
る線分や角は等しい**。

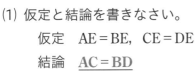

三角形の合同条件

2 つの三角形は, 次の
いずれかが成り立つと
き合同である。

① **3 組の辺がそれぞれ
等しい。**

② **2 組の辺とその間の
角がそれぞれ等しい。**

③ **1 組の辺とその両端
の角がそれぞれ等し
い。**

証明のすすめ方

① 「A ならば B である」
の A を**仮定**, B を**結
論**という。

② 正しいと認められる
根拠をもとに説明し,
仮定から結論を導く
過程を**証明**という。

③ 証明で使われる根拠
例 平行線と角の性質
対頂角の性質
平行線になるための条件
三角形の内角・外角の性質
多角形の内角・外角の和
共通な辺や角
合同な図形の性質
三角形の合同条件

1 右の図で，AB＝CD，∠BAC＝∠DCA のとき，△ABC と
△CDA は合同になります。

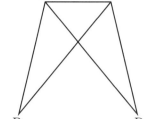

(1) 合同条件を書きなさい。

[   ]

(2) △ABC と△CDA が合同であることを証明しなさい。

2 右の図は角の二等分線の作図です。コンパスで O を
中心とする円をかき，OX，OY との交点を A，B と
します。次に A と B を中心とする等しい半径の円を
2 つの円が交わるようにかき，その交点を C とします。
このとき，半直線 OC は∠XOY の二等分線に
なることを証明します。

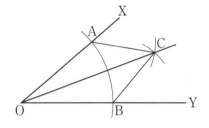

(1) 合同な三角形を頂点が対応する順に書きなさい。

[   ]

 (2) (1)の三角形の合同条件を書きなさい。

[   ]

(3) 半直線 OC は∠XOY の二等分線になることを証明しなさい。

 「∠AOC＝∠BOC」は結論なので，三角形の合同の根拠(こんきょ)には使えない。

17 〈2年〉 三角形と四角形 (1)

重要ポイント TOP3

| 二等辺三角形 定義と性質を区別し, 証明に活用する。 | 直角三角形 三角形の合同条件と別に 2 つの合同条件がある。 | 逆 定理の逆は正しいとは限らないので証明が必要。 |

1 二等辺三角形

右の図において, AB＝AC, AD は∠BAC の二等分線です。
└二等辺三角形の定義
このとき, ∠B＝∠C を証明しなさい。

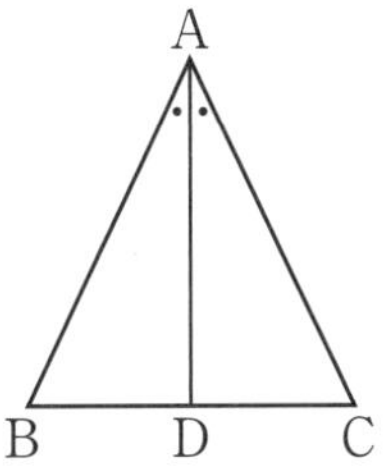

△ABD と△ACD において,

仮定より, AB＝AC …①

∠BAD＝<u>∠CAD</u> …②

<u>AD</u> は共通 …③

①, ②, ③より, <u>2 組の辺とその間の角がそれぞれ等しい</u>ので,

△ABD≡△ACD　　よって, ∠B＝∠C

2 二等辺三角形になるための条件

右の図において, AC∥BD, BC は∠ABD の二等分線です。
△ABC は二等辺三角形であることを証明しなさい。

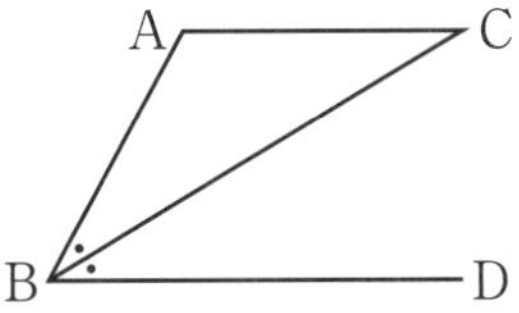

仮定より, ∠ABC＝∠DBC …①

AC∥BD より, <u>錯角</u>は等しいから,

∠DBC＝<u>∠ACB</u> …②

①, ②より, ∠ABC＝<u>∠ACB</u>
└P＝Q, Q＝R ならば P＝R
△ABC の <u>2 つの角が等しい</u>ので, △ABC は AB＝AC の<u>二等辺三角形</u>である。

3 直角三角形

次の図から合同な三角形を 2 組見つけ, 記号 (≡) を使って表しなさい。また, 合同条件も書きなさい。

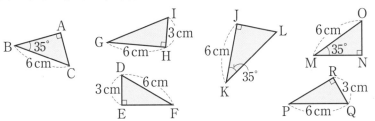

三角形…<u>△ABC≡△NMO</u>　合同条件…<u>斜辺と 1 つの鋭角がそれぞれ等しい</u>

三角形…<u>△DEF≡△QRP</u>　合同条件…<u>斜辺と他の 1 辺がそれぞれ等しい</u>

得点アップ

二等辺三角形

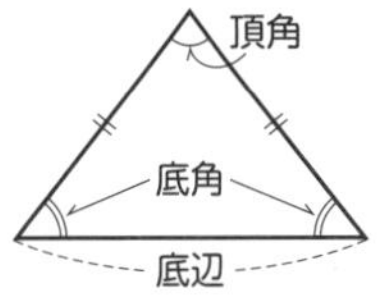

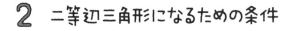

① 定義…2 辺が等しい三角形。
② 性質…底角は等しい。頂角の二等分線は底辺を垂直に 2 等分する。
③ 二等辺三角形になるための条件…三角形の 2 つの角が等しい。

定義と定理

定義…ことばの意味をはっきり述べたもの。
定理…定義から導かれる性質のうち, 重要なもの。

直角三角形の合同条件

① <u>斜辺</u>と他の 1 辺がそれぞれ等しい。
② <u>斜辺</u>と 1 つの鋭角がそれぞれ等しい。

逆

① あることがらの仮定と結論を入れかえたもの
② 正しいことがらの**逆は正しいとは限らない**。

例 ○ $a=0$ ならば $ab=0$
　　　↓逆
　× $ab=0$ ならば $a=0$
　　(反例：$a=1$, $b=0$)

1 次の図で，∠x の大きさを求めなさい。

(1) OA ＝ AB ＝ BC

(2) △ABC は ∠BAC ＝ 90° の直角二等辺三角形
△ADE は ∠DAE ＝ 90° の直角二等辺三角形

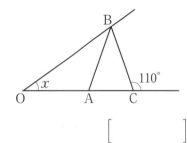

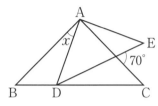

[　　　　　　　]　　　　　　　　　　　　　　　　[　　　　　　　]

2 右の図のように，△ABC を辺 AB 上の点 P と辺 AC 上の点 Q を通る直線を折り目として折り返し，点 A が移った点を A′，A′P と BC との交点を D とします。このとき，PQ∥BC ならば△PBD は二等辺三角形であることを証明します。

[　]に適する記号を書きなさい。

PQ∥BC の同位角だから，∠PBD ＝ ∠[ア 　　　] …①

折り返した角は等しいから，∠[イ 　　　] ＝ ∠DPQ …②

PQ∥BC の錯角だから，∠DPQ ＝ ∠[ウ 　　　] …③

①，②，③より，∠[エ 　　　] ＝ ∠[オ 　　　]

これより，△PBD は PB ＝ PD の二等辺三角形である。

3 右の図で，△ABC は AB＝AC の二等辺三角形です。CA の延長上，BA の延長上に B，C から垂線をひき，その交点をそれぞれ D，E とします。このとき，△ADB と△AEC が合同であることを証明しなさい。

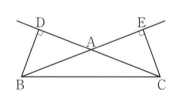

[

]

 三角形の合同を証明する問題ではない。結論の導き方に注意しよう。

18 三角形と四角形 (2)

重要ポイント TOP3　[　　月　　日]

平行四辺形	特別な四角形	面積が等しい三角形
定義と性質3つと1組の対辺〜でなるための条件	平行四辺形→ひし形・長方形→正方形	底辺を共有した高さの等しい2つの三角形の面積は等しい。

1 平行四辺形

右の図のように，平行四辺形 ABCD の対角
線 AC に B，D から垂線をひき，交点を E，
F とします。BE = DF を証明しなさい。

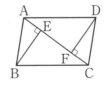

　　△ABE と△CDF において，

　　仮定より，　∠AEB = ∠CFD = 90°

　　平行四辺形の対辺は等しいから，　AB = CD

　　AB // DC の錯角は等しいから，　∠BAE = ∠DCF

　　直角三角形の斜辺と1つの鋭角がそれぞれ等しいので，

　　△ABE ≡ △CDF　　よって，BE = DF

2 平行四辺形になる条件

四角形 ABCD が平行四辺形になるものを
選び，記号を書きなさい。

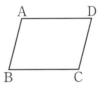

　ア　AB = DC，AD = BC

　イ　AB = DC，AD // BC

　ウ　∠A = ∠C，∠B = ∠D　　　　　ア，ウ

3 特別な平行四辺形

2 の平行四辺形 ABCD において次の等式が成り立つとき，
どんな四角形になりますか。

(1) AB = AD…ひし形　　　　(2) ∠A = ∠B…長方形
　　└4つの辺が等しくなる　　　　　　　└4つの角が等しく90°になる

4 平行線と面積

右の平行四辺形 ABCD において，
BE // FG です。△ABF と面積が
等しい三角形を2つ書きなさい。

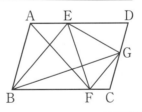

　　△EBF，△EBG
　　└AE // BF　└FG // BE

得点アップ

平行四辺形

定義…2組の対辺がそれぞれ**平行**な四角形。
性質
① **2組の対辺**はそれぞれ等しい。
② **2組の対角**はそれぞれ等しい。
③ 対角線はそれぞれの**中点**で交わる。

平行四辺形になる条件

① 2組の対辺がそれぞれ平行である。（定義）
② 2組の対辺がそれぞれ等しい。
③ 2組の対角がそれぞれ等しい。
④ 対角線がそれぞれの中点で交わる。
⑤ 1組の対辺が平行で，その長さが等しい。

特別な平行四辺形

① ひし形
　定義…**4つの辺**がすべて等しい四角形。
　性質…対角線は**垂直**に交わる。
② 長方形
　定義…**4つの角**がすべて等しい四角形。
　性質…対角線の**長さ**は等しい。
③ 正方形
　定義…**4つの辺**がすべて等しく，4つの角がすべて等しい四角形
　性質…対角線の長さが**等しく垂直**に交わる。

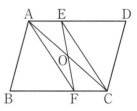

1 右の図のように，平行四辺形 ABCD があり，対角線 AC の中点を O とします。辺 AD 上に点 E をとり，直線 EO と BC との交点を F とします。このとき四角形 AFCE が平行四辺形になることを証明します。[　]に適する記号やことばを書きなさい。

　　△AOE と△COF において，

　　仮定より，AO = CO …①

　　平行線の錯角は等しいから，∠[ア 　　　　] = ∠[イ 　　　　] …②

　　[ウ 　　　　　　　　]から，∠[エ 　　　] = ∠[オ 　　　] …③

　　①，②，③より，[カ 　　　　　　　　　　　　]ので，

　　△AOE ≡ △COF

　　合同な三角形で対応する辺は等しいので，[キ 　　　] = [ク 　　　] …④

　　①，④より，[ケ 　　　　　　　　　　　　　　]ので，

　　四角形 AFCE は平行四辺形である。

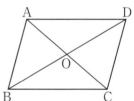

2 右の図の平行四辺形 ABCD において，O は対角線の交点です。次の条件を満たすとき，平行四辺形 ABCD はどんな四角形になりますか。

(1) AC = BD　　　　　　　　　[　　　　　　]

(2) ∠AOB = ∠AOD　　　　　　[　　　　　　]

 (3) ∠DAO = ∠CBO　　　　　　[　　　　　　]

 3 右の図のように，半直線 CD 上に点 E をとり，四角形 ABCD と△BCE の面積が等しくなるようにします。点 E の位置をどのように決めればよいですか。その方法を説明しなさい。

[　　　　　　　　　　　　　　　　　　　　　　　]

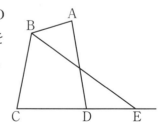

 条件にあうような図をかいて，見当をつけたら理由を考えてみよう。

19 資料の整理

重要ポイント TOP3

度数分布表	相対度数	代表値
階級ごとに分けた資料の度数を表にしたもの	ある階級の度数÷度数の合計で求められる。	平均値,中央値,最頻値

1 度数分布表

右のハンドボール投げの記録を，5 m ずつの区間に分けて資料の数を調べ，下のような表をつくりました。

〈ハンドボール投げ(m)〉

26	23	29	31	15
23	16	21	24	26
34	23	28	24	21
18	25	23	17	27

(1) 下の表を<u>度数分布表</u>，全体に対するある階級の度数の割合を<u>相対度数</u>といいます。

階級(m)	階級値(m)	度数(人)	相対度数
以上　未満			
15 ～ 20	17.5	4	0.20
20 ～ 25	22.5	8	<u>0.40</u>
25 ～ 30	27.5	<u>6</u>	0.30
30 ～ 35	<u>32.5</u>	<u>2</u>	<u>0.10</u>
計		20	1.00

(2) 度数分布表から平均値を求めるときは，階級の真ん中の値(<u>階級値</u>)を使って，$(17.5×4+22.5×\underline{8}+27.5×6+\underline{32.5}×2)÷20=480÷20=\underline{24}$(m)

(3) 資料の最大値と最小値の差を<u>範囲</u>といい，$34-\underline{15}=\underline{19}$(m)

(4) 資料を大きさの順に並べたときの中央の値を<u>中央値(メジアン)</u>といいます。資料は偶数個だから，小さい方から順に並べて，10 番目と 11 番目の平均をとると，<u>23.5</u> m

(5) 資料の値の中でもっとも多く現れる値，また，度数分布表で度数がもっとも多い階級の階級値を<u>最頻値(モード)</u>といいます。資料では<u>23 m</u>，度数分布表では<u>22.5 m</u>

2 四分位数

次のデータの値について，四分位数を求めなさい。

52，61，63，70，74，79，86

第 2 四分位数は，中央値の <u>70</u>

第 1 四分位数は，52，61，63 の中央値で <u>61</u>

第 3 四分位数は，74，79，86 の中央値で <u>79</u>

得点アップ

度数の分布

① **階級**…資料を整理するために分けた区間
② **階級の幅**…区間の幅
③ **階級値**…階級の真ん中の値
④ **度数**…それぞれの階級に入っている資料の数
⑤ **度数分布表**…資料の階級ごとの度数を示した表
⑥ **相対度数**=$\dfrac{ある階級の度数}{度数の合計}$
⑦ **ヒストグラム**…分布の様子を表す柱状グラフ **度数分布多角形**をかくことがある。

範囲と中央値

① **範囲＝最大値－最小値**
② **中央値**は
　・資料が奇数個…中央の値
　・資料が偶数個…中央にある 2 つの値の平均

四分位数と箱ひげ図

① 第 2 四分位数…**中央値**
② 箱ひげ図

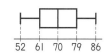

 1 あるクラスで生徒の通学にかかる時間を調べ，度数分布表をつくりました。

階級（分）	度数（人）
以上　未満	
0 〜 10	3
10 〜 20	11
20 〜 30	6
30 〜 40	3
40 〜 50	2
計	25

(1) 通学に30分以上かかる人はクラス全体の何%にあたりますか。

[　　　　　]

(2) 度数がもっとも多い階級の相対度数を求めなさい。

[　　　　　]

(3) 度数分布表から通学にかかる時間の平均値を求めなさい。

[　　　　　]

2 右のヒストグラムは3年生の男子の身長を調べた結果をまとめたものです。

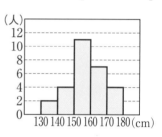

(1) 身長が高い方から10番目の人が入っている階級の相対度数を求めなさい。

[　　　　　]

(2) 最頻値（モード）を求めなさい。

[　　　　　]

3 次のデータの値について，次の問いに答えなさい。

73, 71, 51, 44, 83, 67, 91, 74, 63, 64

(1) 四分位数を求めなさい。

第1四分位数 [　　　　] 第2四分位数 [　　　　] 第3四分位数 [　　　　]

(2) 箱ひげ図をかきなさい。

[　　　　　　　　　　　]

最頻値は度数がもっとも多い階級の階級値である。

〈2年〉
20 確 率

重要ポイント TOP3

場合の数	確率	起こらない確率
すべて書き出すか，表や樹形図をかいて求める。	起こる場合の数 全部の場合の数 で求められる。	起こる確率が p のとき，起こらない確率は，$1-p$

1 確 率

次の問いに答えなさい。

(1) 1 つのさいころを投げるとき，目の出方は全部で <u>6</u> 通り。

1 の目の出方は 1 通りだから，その目が出る確率は $\dfrac{1}{6}$

偶数の目の出方は 2，4，6 で 3 通りだから，その目が出る

確率は $\dfrac{3}{6}=\dfrac{1}{2}$

(2) 2 つのさいころを投げるとき，目の出方は全部で <u>36</u> 通り

で，出た<u>目の和が 3 になる確率は</u> $\dfrac{2}{36}=\dfrac{1}{18}$
　　　　　└ (1, 2) (2, 1) の 2 通り

(3) 1，2，3，4 の数が書かれた 4 枚のカードから同時に 2 枚ひ
きます。

① 2 枚のカードの数の出方を全部書き出しなさい。

(1，2) (1，3) (1，<u>4</u>) (2，<u>3</u>) (2，<u>4</u>) (3，<u>4</u>)
　└ 小さい数から順に書き出す。(2, 1) は (1, 2) と同じひき方

② 2 枚のカードに書かれた数の和が <u>6 以上の数になる確</u>
　　　　　　　　　　　　　　　　└ (2, 4) (3, 4) の 2 通り
率は $\dfrac{1}{3}$

2 いろいろな確率

3 枚の 10 円玉を投げて表と裏の出方を調べます。

(1) 全部で何通りの出方があるか，表を○，
裏を × として樹形図をかきます。図
を完成させて，全部で何通りか答えな
さい。　　　　　　　　　　<u>8</u> 通り

(2) 3 枚とも表になる確率は $\dfrac{1}{8}$

(3) 2 枚が表，1 枚が裏になる確率は $\dfrac{3}{8}$

(4) <u>少なくとも 1 枚は表になる</u>確率は $\dfrac{7}{8}$
　└ 1 − (3 枚とも裏が出る確率)

得点アップ

起こりうる場合の数え方

① さいころ
　1 つのときは 6 通り
　2 つのときは 36 通り
　2 つのさいころの確率では下のような表をつくるとよい。
例 2 つの目の数の和

	1	2	3	4	5	6
1	2	3	4	5	6	7
2	3	4	5	6	7	8
3	4	5	6	7	8	9
4	5	6	7	8	9	10
5	6	7	8	9	10	11
6	7	8	9	10	11	12

② カード・玉・硬貨
　もれや重なりがないよう，**樹形図**をかく。

確率

起こりうる場合が同様に確からしいとき，A が起こる確率 p

$p=\dfrac{a}{n}$ （$0 \leqq p \leqq 1$）

a…A が起こる場合の数
n…起こりうる全部の場合の数

起こらない確率

A が起こる確率が p，A が起こらない確率 q とすると，

$q = 1 - p$

「少なくとも…」など起こる場合が多い確率を求めるときに有効である。

サクッと練習

目標時間10分

分

 1 2つのさいころを投げるとき，次の確率を求めなさい。

(**1**) 出た目の和が10以上の数になる確率

[   ]

(**2**) 出た目の積が奇数になる確率

[   ]

2 1，2，3，4，5の数が書かれた5枚のカードがあります。

(**1**) 1枚ひいて，数が奇数である確率を求めなさい。

[   ]

(**2**) 同時に2枚ひくとき，カードのひき方は全部で何通りですか。

[   ]

(**3**) 同時に2枚ひくとき，少なくとも1枚が奇数である確率を求めなさい。

[   ]

 3 袋の中に，数字1，2を書いた赤色の玉2個と，数字1，2，3を書いた白色の玉3個が入っています。

(**1**) 袋から1個取り出すとき，1が書かれた玉を取り出す確率を求めなさい。

[   ]

 (**2**) 1個取り出して玉の色を調べ，袋に戻します。そのあと1個取り出したとき，玉の色が1回目に取り出した玉の色と同じになる確率を求めなさい。

[   ]

> 1回目に出た玉が2回目も出ることに注意して表をつくろう。

中学1・2年で学ぶ重要事項・公式

1 年

★正の数・負の数の加法

同符号…2 数に<u>共通</u>の符号を絶対値の<u>和</u>につける。

異符号…絶対値が<u>大きい</u>方の符号を絶対値の<u>差</u>につける。

★正の数・負の数の乗法・除法

積・商の符号は負の数が奇数個…<u>－</u>，偶数個…<u>＋</u>

★計算の順序

累乗（るいじょう）・<u>かっこ</u>→<u>乗除</u>→加減の順で計算する。

★分配法則

$a(b+c)=\underline{ab+ac}$

★比例式

$a:b=c:d$ ならば，$\underline{ad=bc}$

★比例の式 $y=\underline{ax}$

商 $a=\dfrac{y}{x}$ は一定，グラフは<u>原点</u>を通る直線

★反比例の式 $y=\dfrac{a}{x}$

積 $a=xy$ は一定，グラフは<u>双曲線（そうきょくせん）</u>

★図形の移動

平行移動・対称移動・<u>回転</u>移動（たいしょう）

★基本の作図

垂直二等分線…<u>2 点</u>からの距離（きょり）が等しい点の集まり

角の二等分線…<u>2 辺</u>からの距離が等しい点の集まり

★おうぎ形の中心角 $a°$・弧の長さ ℓ・面積 S

$\ell=2\pi r\times\dfrac{a}{360}$

$S=\pi r^2\times\dfrac{a}{360}=\dfrac{1}{2}\ell r$

半径 r　$a°$　弧 ℓ（こ）

★柱体と錐体の体積（すいたい）

柱体の体積＝底面積×高さ

錐体の体積＝$\dfrac{1}{3}$×<u>底面積</u>×<u>高さ</u>

★円錐の側面のおうぎ形の中心角 $a°$・面積 S

$a=360\times\dfrac{r}{R}$

$S=\pi Rr$

母線 R　R　$a°$　S　半径 r

★球の表面積 S・体積 V

$S=\underline{4\pi r^2}$

$V=\dfrac{4}{3}\pi r^3$

★度数の分布

相対度数＝$\dfrac{ある階級の度数}{度数の\underline{合計}}$

2 年

●整数の表し方

連続する 2 つの整数…n，$\underline{n+1}$（n は整数）

2 けたの整数…$\underline{10x+y}$（十の位…x，一の位…y）

偶数…$2n$，奇数…$\underline{2n+1}$，3 の倍数…$\underline{3n}$

●関数の値の変化

変化の割合＝$\dfrac{y\ \text{の増加量}}{x\ \text{の増加量}}$，1 次関数では<u>一定</u>

● 1 次関数とグラフ

$y=ax+b$ のグラフは，a…<u>傾き</u>，b…<u>切片</u>の直線

$a>0$ のとき右上がり，$a<0$ のとき<u>右下がり</u>の直線

●直線と角

対頂角は等しい。

2 直線が平行ならば，<u>同位角</u>，<u>錯角</u>は等しい。

●三角形の角の性質

内角の和は $180°$

外角はとなり合わない 2 つの<u>内角</u>の和に等しい。

● n 角形の内角と外角

内角の和…$180°\times\underline{(n-2)}$，外角の和…<u>$360°$</u>

●三角形の合同条件

① 3 組の辺がそれぞれ等しい。

② 2 組の辺と<u>その間の角</u>がそれぞれ等しい。

③ 1 組の辺と<u>その両端の角</u>がそれぞれ等しい。

●二等辺三角形の性質

底角は<u>等しい</u>。

頂角の二等分線は底辺を<u>垂直に 2 等分</u>する。

●直角三角形の合同条件

①斜辺と他の 1 辺がそれぞれ等しい。

②斜辺と<u>1 つの鋭角</u>がそれぞれ等しい。

●平行四辺形になる条件

① 2 組の対辺がそれぞれ<u>平行</u>である。＜定義＞

② 2 組の対辺がそれぞれ等しい。

③ 2 組の<u>対角</u>がそれぞれ等しい。

④対角線がそれぞれの<u>中点</u>で交わる。

⑤ 1 組の対辺が<u>平行</u>で，その長さが等しい。

●平行線と面積

$\ell\parallel m$ のとき，

$\triangle\mathrm{ABC}=\triangle\mathrm{A'BC}$

ℓ　A　A'　m　B　C

●確率

A が起こる確率 p は，$p=\dfrac{\text{A が起こる場合の数}}{\text{起こりうる全部の場合の数}}$

A が起こらない確率は，$\underline{1-p}$

中学1・2年の総復習テスト ❶

⏱20分　**70点で合格!**　　点

1 次の計算をしなさい。(7点×4)

(1) $5-(-4)$　〔岩 手〕　**(2)** $13+(-4)\times2$　〔愛 知〕

[　　　]　　　　[　　　]

(3) $4(2x-y)-3(x+y)$　〔群 馬〕　**(4)** $8a^2b\div2a^2\times9ab$　〔奈 良〕

[　　　]　　　　[　　　]

2 次の問いに答えなさい。(8点×4)

(1) 1次方程式 $2x-5=3(2x+1)$ を解きなさい。　〔福 岡〕

[　　　]

(2) y は x に反比例し，$x=4$ のとき $y=-4$ です。$x=2$ のときの y の値を求めなさい。　〔兵 庫〕

[　　　]

(3) ある動物園の入場料は，おとな1人 a 円，子ども1人 b 円であり，おとな3人と子ども4人の入場料の合計が3000円以下でした。この数量の関係を不等式で表しなさい。　〔香 川〕

[　　　]

(4) 数字を書いた3枚のカード1，2，3が袋Aの中に，数字を書いた5枚のカード1，2，3，4，5が袋Bの中に入っています。それぞれの袋からカードを1枚ずつ取り出すとき，カードに書かれた数の積が奇数になる確率を求めなさい。　〔広 島〕

[　　　]

3 長方形 ABCD の紙があります。辺 AD 上に点 E を，辺 BC 上に点 F をとり，線分 EF を折り目として，右の図のように折り返しました。この折り返しによって頂点 A，B が移った点をそれぞれ G，H とします。
∠HFC＝50°のとき，∠GEF の大きさを求めなさい。

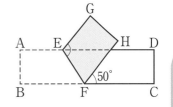

(10点)〔奈 良〕

[   ]

4 右のア～ウは，高さが等しい立体の投影図です。ア～ウで表される立体の体積を比べ，小さい順に記号で書きなさい。(10点)   〔青 森〕

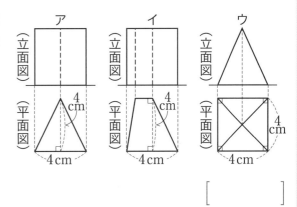

[   ]

5 右の図のように，1 辺が 6 cm の正方形から 1 辺が 2 cm の正方形を切り取ってできた図形 ABCDEF があり，DE＝EF＝2 cm です。点 G は辺 AB 上にあって，GB＝2 cm です。点 P は，B を出発して毎秒 1 cm の速さで辺 BC，CD，DE，EF，FA 上を A まで動きます。P が B を出発してから x 秒後の△GBP の面積を y cm^2 とします。(10点×2)   〔熊 本〕

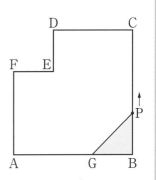

(1) P が B から A まで動くときの，x と y の関係をグラフに表しなさい。

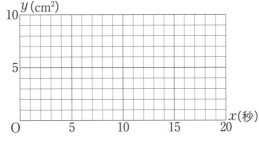

(2) P が B から A まで動く間に，$y＝5$ となる x の値が 2 つあります。その 2 つの値を求めなさい。

[   ]

中学1・2年の総復習テスト ❷

20分 / ⏱20

70点で合格!

点

1 次の計算をしなさい。(6点×4)

(**1**) $3-(2-6)$ 　　　　〔山 形〕　(**2**) $-3+5\times(-1)^3$ 　　　　〔青 森〕

[　　　　]　　　　　　　　　　[　　　　]

(**3**) $9a+4b-(a-3b)$ 　　　　〔東 京〕　(**4**) $(-3a)^2\div\dfrac{3}{2}a$ 　　　　〔島 根〕

[　　　　]　　　　　　　　　　[　　　　]

2 次の問いに答えなさい。(8点×4)

(**1**) $2a-8b+10=0$ を a について解きなさい。　　　　〔宮 城〕

[　　　　]

(**2**) 右の図は円錐の展開図です。おうぎ形の中心角の大きさを求めなさい。　　　　〔富 山〕

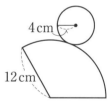

4 cm

12 cm

[　　　　]

(**3**) 右の図の台形 ABCD を,辺 AD を軸として1回転させてできる立体の体積を求めなさい。　　　　〔岐 阜〕

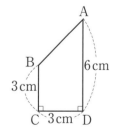

A

B　6 cm

3 cm

C　3 cm　D

[　　　　]

(**4**) 右の図の△ABC において,∠A の二等分線と∠C の二等分線の交点を D とします。∠ABC＝40° のとき,∠x の大きさを求めなさい。　　　　〔沖 縄〕

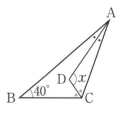

A

D　x

B　40°　C

[　　　　]

3 右の図のように，直線 ℓ と，ℓ 上にない2点A，B があります。点Pが ℓ 上にあり，2つの線分 AB，PQ が対角線となるひし形 APBQ を，定規とコンパスを使って作図しなさい。ただし，作図に用いた線は消さないこと。(10点) 〔山　口〕

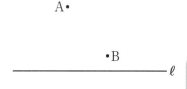

4 ある中学校の昨年度の生徒数は，男女合わせて 380 人でした。今年度の生徒数は，昨年度と比べて男子が 5 ％，女子が 3 ％それぞれ増え，全体では 15 人増えました。昨年度の男子と女子の生徒数をそれぞれ求めなさい。(10点) 〔鹿児島 – 改〕

男子 [　　　　　] 女子 [　　　　　]

5 水が 120 L 入った水そうから，水がなくなるまで一定の割合で水を抜いていきます。水を抜き始めてから 8 分後の水そうの水の量は 100 L でした。右の図は，水を抜き始めてから x 分後の水そうの水の量を y L として，x と y の関係をグラフに表したものです。(8点 × 3) 〔群　馬〕

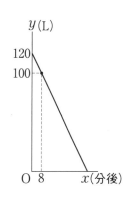

(1) 毎分何 L の割合で水を抜いているか，求めなさい。

[　　　　　]

(2) y を x の式で表しなさい。

[　　　　　]

(3) 水そうの水がなくなるのは，水を抜き始めてから何分後か，求めなさい。

[　　　　　]

中学1・2年の総復習テスト ❸

⏱30分　**70点で合格!**　　点

1 次の計算をしなさい。(4点×4)

(1) $7 \times (-9)$　　〔北海道〕

(2) $-\dfrac{1}{7} + \dfrac{2}{5}$　　〔神奈川〕

[　　　　　]　　　　　　[　　　　　]

(3) $2(x + 3y) - (2x - y)$　　〔茨城〕

(4) $ab \times a \times (-b)^2$　　〔新潟〕

[　　　　　]　　　　　　[　　　　　]

2 次の問いに答えなさい。(6点×4)

(1) a を負の数とするとき,次のア〜オのうち,その値が正になるものをすべて選び,記号を書きなさい。　〔大阪〕

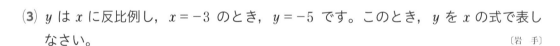

ア a の $-\dfrac{1}{2}$ 倍　　イ a の2倍　　ウ a の2乗　　エ a の3乗　　オ a の逆数

[　　　　　]

(2) 連立方程式 $\begin{cases} 4x + y = -1 \\ x - 2y = 11 \end{cases}$ を解きなさい。　〔高知〕

[　　　　　]

(3) y は x に反比例し,$x = -3$ のとき,$y = -5$ です。このとき,y を x の式で表しなさい。　〔岩手〕

[　　　　　]

(4) 右の図で $\angle x$ の大きさを求めなさい。　〔和歌山〕

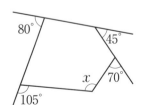

[　　　　　]

3 右の度数分布表は A さんがボウリングのゲームを 10 回
行ったときの得点をまとめたものです。得点の平均値を
求めなさい。(6点) 〔福 井〕

階級(点)	度数(回)
以上　　　未満	
140 〜 160	3
160 〜 180	6
180 〜 200	1
計	10

[　　　　　]

4 A さんは，12 時に家を出発して駅に向かいました。
最初は走って行き，途中から歩いて行ったところ，
ちょうど 30 分で駅に到着しました。右の図は A さ
んが家を出発してから x 分後の家からの距離を y m
として，その関係をグラフに表したものです。

〔島根 − 改〕

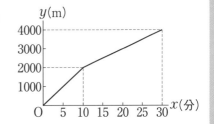

(1) 図のグラフから次のことがわかります。[　]にあてはまる数を書きなさい。(4点×3)

・家からの駅までの距離は，[ア　　　　　] m である。

・歩きはじめたのは，12 時 [イ　　　　　] 分である。

・走る速さは，分速 [ウ　　　　　] m である。

(2) 弟の B さんは，同じ日の 12 時に自転車で駅を出発し，A さんと同じ道を通って家
へ向かいました。自転車の速さは分速 300 m の一定の速さとします。(6点×2)

① B さんが駅を出発してから x 分後の家からの距離を y m としたとき，出発して
から家に到着するまでの x と y の関係を式に表しなさい。ただし，x の変域に
ついては答えなくてもよいものとします。

[　　　　　　　　　　]

② A さんと B さんが出会うのは何時何分か，求めなさい。

[　　　　　　　　　　]

5 右の図のような半径 9 cm の半球があります。この半球と等しい体積の円錐^{えんすい}について考えます。円錐の底面の半径が 9 cm であるとき，円錐の高さは何 cm か求めなさい。(6点) 〔滋 賀〕

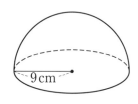

[   ]

6 右の図のような，∠A が鋭角で AB＝AC の二等辺三角形 ABC があります。辺 AB，AC 上に ∠ADC＝∠AEB＝90° となるようにそれぞれ点 D，E をとります。このとき，AD＝AE であることを証明しなさい。(8点) 〔栃 木〕

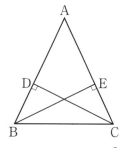

7 次の図のように，横の長さが 7 cm の長方形の紙を，端を 1 cm ずつ重ねながらつないで長方形の帯を作ります。(8点×2) 〔三 重〕

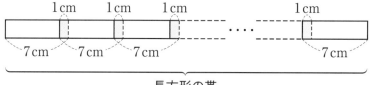

長方形の帯

(1) 長方形の紙を 5 枚つないだとき，長方形の帯の横の長さを求めなさい。

[   ]

(2) 長方形の帯の横の長さが 85 cm になったとき，長方形の紙の枚数を求めなさい。

[   ]

中1·2 数学 サクッと10分間で総復習 チェックカード

○ **Q1** −3.5と3.5の間に整数はいくつある？

① 6個

② 7個

○ **Q2** −5から−5をひくと？

① −10

② 0

○ **Q3** $-2^2-(-2)^2-(-2^2)$ を計算すると？

① −4

② −12

○ **Q4** $23×(-6)-23×(-4)$ を計算すると？

① −46

② −230

○ **Q5** たて$a$cm, 横$b$cmの長方形のまわりの長さを表すと？

① $(2a+2b)$cm

② $4ab$cm

○ **Q6** 定価a円のb%引きの値段はいくら？

① $\left(a-\dfrac{b}{100}\right)$円

② $\left(a-\dfrac{ab}{100}\right)$円

○ **Q7** $-\dfrac{3x-5}{4}×(-20)$ を計算すると？

① $15x+25$

② $15x-25$

○ **Q8** 時速$a$kmでt分進んだときの道のりがbmになった。この関係を式で表すと？

① $\dfrac{at}{60}=\dfrac{b}{1000}$

② $60at=1000b$

○ **Q9** 次の式の次数は？
$3x^2+2x+1$

① 2

② 3

○ **Q10** $3x^4y÷x^2y÷3xy$ を計算すると？

① $\dfrac{x}{y}$

② $9x^3y$

○ **Q11** 等式 $2x-\dfrac{y}{3}=1$ を文字yについて解いた式は？

① $y=6x-3$

② $y=6x-1$

A1 ②

解説 絶対値が3以下の整数で，$-3, -2, -1, 0, 1, 2, 3$の7個ある。

覚えてる？ 数直線上である数を表す点と原点との距離を**絶対値**という。

A2 ②

解説 $-5-(-5)=-5+5=0$

$-(-a)=+a$となる。

覚えてる？ 「負の数をひく」ことは，ひく数の絶対値をたす計算と同じである。

A3 ①

解説 $-2^2-(-2)^2-(-2^2)$

$=-4-(+4)-(-4)$

$=-4-4+4=-4$

覚えてる？ $-(-x)^2=-(+x^2)=-x^2$，

$-(-x^2)=+x^2$ **指数**の位置に注意する。

A4 ①

解説 $23\times(-6)-23\times(-4)$

$=23\times\{(-6)-(-4)\}$

$=23\times(-6+4)=23\times(-2)=-46$

覚えてる？ **分配法則**を利用する。

$a(b+c)=ab+ac$

A5 ①

解説 たて$a$cmの辺が2本で$2a$cm，横$b$cmの辺が2本で$2b$cmだから，まわりの長さはそれらの和の$(2a+2b)$cmとなる。

覚えてる？ 文字式で表すとき，乗法の×は省略できるが，加法・減法の＋，－は省略できない。

A6 ②

解説 b%を分数で表すと$\dfrac{b}{100}$なので，

a円のb%は$a\times\dfrac{b}{100}=\dfrac{ab}{100}$（円）

覚えてる？ b%引きは$\left(1-\dfrac{b}{100}\right)$なので，

$a\times\left(1-\dfrac{b}{100}\right)$を計算してもよい。

A7 ②

解説 分数の式を「かたまり」と考えて，

$-\dfrac{3x-5}{4}\times(-20)=\dfrac{3x-5}{4}\times20$

$=5(3x-5)=15x-25$

覚えてる？ 乗法・除法だけの計算では，式全体の符号を先に考えると計算が簡単になる。

A8 ①

解説 時間と道のりの単位を速さ「時速$a$km」に合わせると，

t分$=\dfrac{t}{60}$時間，bm$=\dfrac{b}{1000}$km

覚えてる？ 時速$a$km＝分速$\dfrac{1000a}{60}$mなので，

$\dfrac{1000a}{60}\times t=b$としてもよい。

A9 ①

解説 $3x^2+2x+1$の各項の次数は順に2，1，0である。多項式の次数は，各項の次数のうち最大のものなので，この式の次数は2

覚えてる？ 1つの項の中で，かけられている文字の個数を**次数**という。

A10 ①

解説 $3x^4y\div x^2y\div3xy=\dfrac{3x^4y}{x^2y\times3xy}$

$=\dfrac{x}{y}$

覚えてる？ 除法は乗法になおして計算する。

$A\div B\div C=A\times\dfrac{1}{B}\times\dfrac{1}{C}=\dfrac{A}{B\times C}$

A11 ①

解説 $2x-\dfrac{y}{3}=1$

分母をはらって，$6x-y=3$

移項して，$y=6x-3$

覚えてる？ 等式をある文字について解くことを**等式の変形**という。

A13 ①

解説 $-3x+5=1-x$
$-3x+x=1-5$
$-2x=-4$ より，$x=2$

覚えてる？ 等式で一方の辺の項を符号を変えて他方の辺に移すことを**移項**という。

A12 ①

解説 $2n$は偶数を，$2n+1$は奇数を表している。
$2n+3$は$2n+1$より2大きいので，この2つは連続する奇数となる。

覚えてる？ $3n$は3の倍数を表す。$10x+y$は2けたの自然数を表す。

A15 ①

解説 $\frac{x}{2}×6-\frac{x-1}{6}×6=1×6$
分子の$x-1$全体に負の符号がかかるから，
$3x-(x-1)=6$

覚えてる？ 分数をふくむ方程式で分母をはらうと，分数にかかっている符号が分子全体にかかる。

A14 ②

解説 整数の項「1」もふくめて，すべての項に100をかける。

覚えてる？ 等式の性質「A＝BならばAC＝BC」を使う。

A17 ①

解説 $x=1,2,\cdots$を順に代入する。
解は，$(x,y)=(1,4)，(2,2)$の2組である。
$(x,y)=(3,0)$は解ではない。

覚えてる？ 正の整数を**自然数**という。$x，y$が整数ならば，$x，y$の値の組は無数にある。

A16 ②

解説 $x=2$を$3x+a=x$に代入して，
$3×2+a=2$　$a=2-6$より，$a=-4$

覚えてる？ 方程式を成り立たせる値を**解**という。
解は方程式に代入しても成り立つ値である。

A19 ①

解説 「〜未満」は「〜より小さい」と同じ意味である。xは3より小さいから，$x<3$と表す。

覚えてる？ xは0以上…$x\geqq0$，xは0以下…$x\leqq0$

A18 ②

解説 yの項は同符号なのでひき算をする。
$$\begin{array}{r} x-2y=\ \ 7 \\ -)3x-2y=-3 \\ \hline -2x\ \ \ \ \ \ =10 \end{array}$$

覚えてる？ 加減法で，消去する項が同符号ならひき算，異符号ならたし算をする。

A21 ②

解説 反比例の式$y=\frac{a}{x}$に$x=2$，$y=-6$を代入する。
$-6=\frac{a}{2}$より，$a=-12$

覚えてる？ 反比例の関係$y=\frac{a}{x}$では，
$a=xy$（xとyの**積**が一定）

A20 ①

解説 比例の式$y=ax$に$x=2$，$y=8$を代入する。$8=2a$より，
$a=4$
比例の式$y=4x$に$y=2$を代入する。

覚えてる？ 比例の関係$y=ax$では，
$a=\frac{y}{x}$（$y÷x$の**商**が一定）

A23 ①

解説 x座標が3のとき，(1)は$(3,-1)$，(2)は$(3,-2)$を通る。(2)の方が原点から遠い点を通る。

覚えてる？ 比例定数の絶対値が大きいほど原点から遠ざかるグラフになる。

A22 ①

解説 比例定数はどちらも負。右への下がり方が大きいほど比例定数の絶対値が大きい。負の数なので，絶対値が大きいほど数の大きさは小さくなる。

覚えてる？ グラフの傾きが大きいほど比例定数の絶対値が大きい。

○ **Q.12** nを整数とするとき，連続する2つの奇数を表しているのは？

① $2n+1, 2n+3$

② $n-1, n+1$

○ **Q.13** 方程式$-3x+5=1-x$の解は？

① $x=2$

② $x=-1$

○ **Q.14** 方程式$0.4x+0.65=1+0.35x$を解くとき，途中式で正しいのは？

① $4x+65=1+35x$

② $40x+65=100+35x$

○ **Q.15** 方程式$\dfrac{x}{2}-\dfrac{x-1}{6}=1$を解くとき，途中式で正しいのは？

① $3x-x+1=6$

② $3x-x-1=6$

○ **Q.16** 方程式$3x+a=x$の解が$x=2$のとき，aの値は？

① -1

② -4

○ **Q.17** x, yが自然数のとき，方程式$2x+y=6$の解は全部で何組？

① 2組

② 3組

○ **Q.18** 連立方程式$\begin{cases} x-2y=7 \\ 3x-2y=-3 \end{cases}$の解のうち，$x$の値は？

① $x=1$

② $x=-5$

○ **Q.19** 「xは3未満」を不等号を使って表すと？

① $x<3$

② $x>3$

○ **Q.20** yがxに比例し，$x=2$のとき$y=8$である。$y=2$のときのxの値は？

① $x=\dfrac{1}{2}$

② $x=8$

○ **Q.21** yがxに反比例し，$x=2$のとき$y=-6$である。このときの式は？

① $y=-\dfrac{3}{x}$

② $y=-\dfrac{12}{x}$

○ **Q.22** グラフ(1)$y=ax$, (2)$y=bx$について，aとbの大小関係は？

① $a>b$

② $a<b$

○ **Q.23** (1)$y=-\dfrac{3}{x}$と(2)$y=-\dfrac{6}{x}$について，(2)はどちらのグラフ？

① ア

② イ

◯ **Q24** $y=2x+4$で, xの値が2から4まで増加するときの変化の割合は？

① 2

② 4

◯ **Q25** $y=-x+2$で, xの変域が$0\leqq x\leqq 2$のとき, yの変域は？

① $2\leqq y\leqq 4$

② $0\leqq y\leqq 2$

◯ **Q26** $y=-4x+4$のグラフがy軸と交わる点の座標は？

① $(-4,0)$

② $(0,4)$

◯ **Q27** 方程式$2x-y-6=0$のグラフはどんな直線になる？

① 右上がりの直線

② 右下がりの直線

◯ **Q28** 弦ＡＢで折り返すとＰが円の中心Ｏに重なるとき, △ＯＡＰの形は？

① 正三角形

② 二等辺三角形

◯ **Q29** △ＡＢＣを△ＤＥＦの位置に重ねる移動は？

① 回転移動

② 対称移動

◯ **Q30** おうぎ形の面積は？

① $6\pi\,cm^2$

② $12\pi\,cm^2$

4 cm
弧の長さ 3π cm

◯ **Q31** 正八面体の面の形は？

① 正三角形

② 正五角形

◯ **Q32** 三角柱で, 辺ＡＣとねじれの位置にある辺は何本？

① 3本

② 4本

◯ **Q33** 円錐の展開図で, アの長さは？

① 6cm

② 12cm

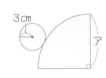
3cm

◯ **Q34** ℓ//mのとき, ∠xの大きさは何度？

① 120°

② 140°

ℓ
40°
x
140°
40°
m

◯ **Q35** 正n角形の1つの内角の大きさを求める式は？

① $180°\times(n-2)$

② $180°-\dfrac{360°}{n}$

A25 ②

[解説] x の変域の両端の値を代入する。

$x=0$ のとき $y=2$, $x=2$ のとき $y=0$

大小関係に注意して、$0 \leqq y \leqq 2$

[覚えてる?] 1次関数では変域の両端の値に対応する値を調べて範囲を求める。

A24 ①

[解説] 1次関数の式 $y=2x+4$ では、x の係数の2が変化の割合である。

[覚えてる?] 1次関数 $y=ax+b$ の変化の割合は**一定**で、その値は a に等しい。

A27 ①

[解説] $2x-y-6=0$ を変形して、$y=2x-6$

傾きは2で、正の数なので、グラフは右上がりの直線になる。

[覚えてる?] 1次関数 $y=ax+b$ のグラフは、$a>0$ のとき右上がり、$a<0$ のとき右下がりになる。

A26 ②

[解説] y 軸との交点の y 座標は、$y=ax+b$ の b の値と等しい。

[覚えてる?] 1次関数のグラフと y 軸との交点の y 座標を**切片**という。

A29 ①

[解説] 180度の回転移動になっている。回転の中心について点対称な位置にあり、点対称移動ともいう。

[覚えてる?] 回転移動は「まわす」移動、対称移動は「裏返す」移動。

A28 ①

[解説] OA=OP（円Oの半径）、OA=PA（折り返した辺）より、3辺が等しくなる。

[覚えてる?] 弦はその中点を通る半径に垂直なので、OP⊥AB が成り立つ。

A31 ①

[解説] 面の形は、正四面体と正八面体と正二十面体が正三角形、正六面体が正方形、正十二面体が正五角形になる。

[覚えてる?] 正多面体はどの面も合同な正多角形で、辺の長さはすべて等しい。

A30 ①

[解説] 円周 8π cm に対して弧の長さ 3π cm より、おうぎ形の面積は円全体の $\frac{3}{8}$ にあたる。よって、おうぎ形の面積は、$\pi \times 4^2 \times \frac{3}{8} = 6\pi$ (cm^2)

[覚えてる?] 弧の長さを ℓ、半径を r とすると、おうぎ形の面積 S は、$S = \frac{1}{2}\ell r$ この公式を使ってもよい。

A33 ②

[解説] 底面の円周は $2\pi \times 3 = 6\pi$ (cm)

側面のおうぎ形の中心角が90°だから、4倍した 24π cm が側面をふくむ円の円周で、半径は12cm

[覚えてる?] 底面の半径を r、母線を R、側面のおうぎ形の中心角を $a°$ とすると、$\frac{r}{R} = \frac{a}{360}$

A32 ①

[解説] 辺DE、辺EF、辺BEの3本がねじれの位置にある。辺DFとは平行、それ以外の4本の辺とは交わっている。

[覚えてる?] 平行でなく、交わらない2直線の位置関係を**ねじれの位置**にあるという。

A35 ②

[解説] 多角形の外角の和は360°なので、正 n 角形の1つの外角は $\frac{360°}{n}$

内角は、180°から外角をひいて、$180° - \frac{360°}{n}$

[覚えてる?] $180° \times (n-2)$ は n 角形の内角の和である。

A34 ①

[解説] 右の図より、$40° + 80° = 120°$

[覚えてる?] 角の頂点を通る平行線をひき、等しい**同位角・錯角**を見つける。

A37 ①

[解説] AB＝AC，BD＝CD，ADは共通より，①がいえる。
∠DAB＝∠DAC＝90°は合同を証明してから分かることである。

[覚えてる?] 合同条件を構成する式に，結論の角や辺を使わないように注意する。

A36 ②

[解説] AB＝AC，∠BAD＝∠CAD，ADは共通より，②がいえる。

[覚えてる?] 共通な辺や角を見落としやすいので注意する。

A39 ②

[解説] 逆は「対角線が垂直に交わる四角形はひし形である」
右の図のように正しくない例がある。

[覚えてる?] 定理の逆は正しいとは限らない。

A38 ②

[解説] ∠ABC＝∠EADより，BE＝EA
また，AB＝EAより，AB＝BE＝EA
3辺が等しいので，△ABEは正三角形

[覚えてる?] 図の等しい辺や角にしるしをつけて，見やすくして考える。

A41 ①

[解説] ・の角が等しい。AB＝CB，AD＝CDより，△ABC≡△ADCがいえるので，4つの辺が等しくなる。

[覚えてる?] 平行四辺形 ABCD で，となり合う辺が等しいときはひし形になる。

A40 ②

[解説] 右の図のように平行四辺形にならないときもある。

[覚えてる?] 四角形が平行四辺形になる条件は全部で5つある。

A43 ①

[解説] 相対度数はある階級の度数の，資料全体に対する割合。度数40が全体の0.50（50%）にあたるので，全体の度数は40÷0.50＝80

[覚えてる?] 相対度数＝$\dfrac{ある階級の度数}{度数の合計}$

A42 ①

[解説] △ABE＝△DBE （AD∥BE）
△DBE＝△DBF （BD∥EF）
△DBF＝△DAF （AB∥DF）

[覚えてる?] 底辺が共通で，高さが等しい三角形の面積は等しい。

A45 ①

[解説] 全部の出方は1，2，3，4，5，6の6通り，偶数の出方は2，4，6の3通りなので，確率は$\dfrac{3}{6}＝\dfrac{1}{2}$

[覚えてる?] 5回目までの結果は，6回目の目の出方には影響しない。

A44 ②

[解説] 選び方を（□，△）として表すと，選び方は（A，B），（A，C），（B，C）の3通りである。

[覚えてる?] （A，B）と（B，A）は同じものとして考える。

A47 ①

[解説] 全部の出方は4通りで2枚とも裏が出るのは1通りなので，求める確率は$1－\dfrac{1}{4}＝\dfrac{3}{4}$

[覚えてる?] 「少なくとも～」など，場合が多いときは残りの確率を1からひく。

A46 ②

[解説] （表，表）（表，裏）（裏，表）（裏，裏）の4通り。
（表，裏）と（裏，表）が異なる出方であることに注意する。

[覚えてる?] 表を○，裏を×として樹形図をかくとわかりやすい。

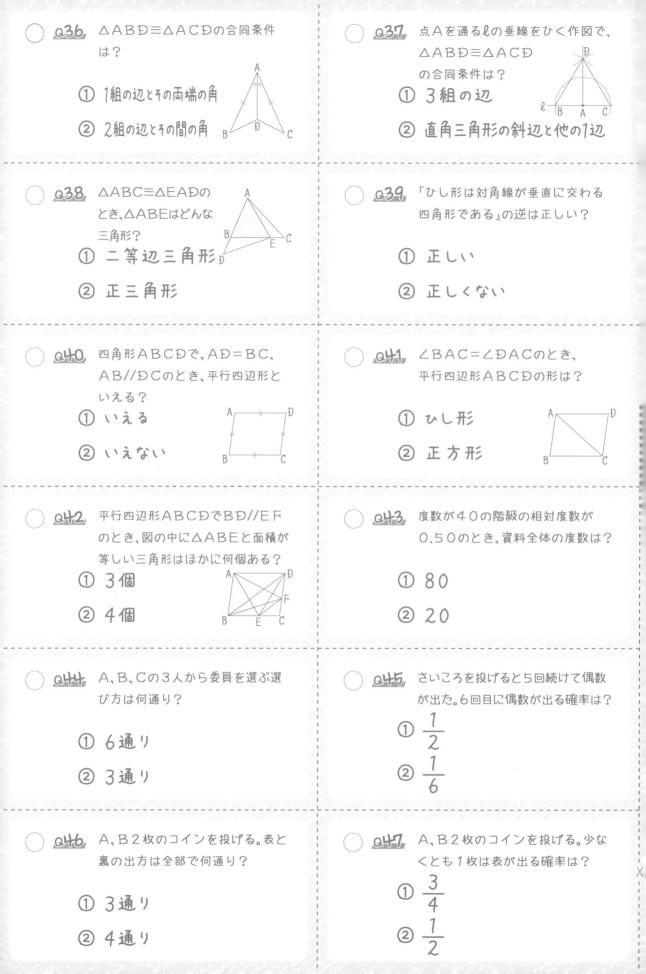

○ **Q36** △ABD≡△ACDの合同条件は?

① 1組の辺とその両端の角

② 2組の辺とその間の角

○ **Q37** 点Aを通るℓの垂線をひく作図で、△ABD≡△ACDの合同条件は?

① 3組の辺

② 直角三角形の斜辺と他の1辺

○ **Q38** △ABC≡△EADのとき,△ABEはどんな三角形?

① 二等辺三角形

② 正三角形

○ **Q39** 「ひし形は対角線が垂直に交わる四角形である」の逆は正しい?

① 正しい

② 正しくない

○ **Q40** 四角形ABCDで、AD=BC, AB//DCのとき, 平行四辺形といえる?

① いえる

② いえない

○ **Q41** ∠BAC=∠DACのとき, 平行四辺形ABCDの形は?

① ひし形

② 正方形

○ **Q42** 平行四辺形ABCDでBD//EFのとき、図の中に△ABEと面積が等しい三角形はほかに何個ある?

① 3個

② 4個

○ **Q43** 度数が40の階級の相対度数が0.50のとき, 資料全体の度数は?

① 80

② 20

○ **Q44** A, B, Cの3人から委員を選ぶ選び方は何通り?

① 6通り

② 3通り

○ **Q45** さいころを投げると5回続けて偶数が出た。6回目に偶数が出る確率は?

① $\dfrac{1}{2}$

② $\dfrac{1}{6}$

○ **Q46** A, B 2枚のコインを投げる。表と裏の出方は全部で何通り?

① 3通り

② 4通り

○ **Q47** A, B 2枚のコインを投げる。少なくとも1枚は表が出る確率は?

① $\dfrac{3}{4}$

② $\dfrac{1}{2}$

10分間で **サクッと** 総復習

中**1・2**の**数学**

解答編

1 正の数・負の数

本文 p.2

1 (1) -2, $-\dfrac{9}{5}$, 0, 0.8, $+1$

(2) $+2.25$ (3) 7 つ

2 (1) -4 (2) -6 (3) -12

(4) -13 (5) -8 (6) $-\dfrac{1}{2}$

3 $+9$

解説

1 (1) まず負の数，0，正の数に分ける。

$\dfrac{9}{5} = 1.8$ だから，$-2 < -\dfrac{9}{5}$

(2) $(-1.75) + (+4) = +(4 - 1.75) = +2.25$

(3) $-\dfrac{10}{3}$ より大きく $\dfrac{10}{3}$ より小さい整数は，

-3, -2, -1, 0, 1, 2, 3 の 7 つ

2 (1) $(-3) + (-5) - (-4)$

$= (-3) + (-5) + (+4) = -4$

(2) $-4 + 11 - 7 + 2 - 8 = 11 + 2 - 4 - 7 - 8$

$= 13 - 19 = -6$

(3) $(-6) \times (+2) = -(6 \times 2) = -12$

(4) $2 \times (-4) - (-20) \div (-4) = -8 - (+5)$

$= -13$

(5) $(-2)^2 \times (-3) - (-2^2)$

$= (+4) \times (-3) - (-4) = -12 + 4 = -8$

(6) $\dfrac{3}{4} \times \left(-\dfrac{3}{2}\right) + \left(-\dfrac{5}{6}\right) \div \left(-\dfrac{4}{3}\right)$

$= -\dfrac{3}{4} \times \dfrac{3}{2} + \dfrac{5}{6} \times \dfrac{3}{4} = -\dfrac{9}{8} + \dfrac{5}{8} = -\dfrac{1}{2}$

POINT 四則計算は，累乗・かっこ→乗除→加減の順に計算する。

3 3 回の平均点が目標の点数より 5 点高かったので，3 回分の目標の点数との差の合計は，

$(+5) \times 3 = +15$ となる。

$(-2) + (+8) + ア = +15$ より，

$ア = +15 - (-2) - (+8) = +15 + 2 - 8$

$= +9$

2 文字と式

本文 p.4

1 (1) $-4x + yz$ (2) $-\dfrac{a^3}{bc}$ (3) $\dfrac{x+y}{5a}$

2 (1) $\dfrac{ah}{2}$ $\left(\dfrac{1}{2}ah\right)$ cm^2 (2) 57

3 (1) $2x + 2$ (2) $-2a + 5$ (3) $\dfrac{x+7}{6}$

(4) $\dfrac{p-3}{2}$

4 (1) $3x + 4y = (x+y)^2$ (2) $a < bm$

解説

1 (2) 分数の形で書き，かける式は分子に，わる式は分母においてかけあわせる。

$a \times (-a) \div b \div c \times a = -\dfrac{a \times a \times a}{b \times c} = -\dfrac{a^3}{bc}$

(3) $(x+y) \div a \div 5 = \dfrac{x+y}{a \times 5} = \dfrac{x+y}{5a}$

2 (1) $a \times h \times \dfrac{1}{2} = \dfrac{ah}{2}$ $\left(\dfrac{1}{2}ah\right)$ (cm^2)

(2) $4 \times (-3)^2 - 7 \times (-3) = 4 \times 9 + 21 = 57$

3 (1) $(3x - 2) + (-x + 4)$

$= 3x - 2 - x + 4 = 3x - x - 2 + 4 = 2x + 2$

(2) $4(a + 2) - 3(2a + 1) = 4a + 8 - 6a - 3$

$= -2a + 5$

(3) $\dfrac{1}{2}(x+1) - \dfrac{1}{3}(x-2) = \dfrac{3(x+1) - 2(x-2)}{6}$

$= \dfrac{3x + 3 - 2x + 4}{6} = \dfrac{x+7}{6}$

(4) $\dfrac{p-2}{3} - \dfrac{5-p}{6} = \dfrac{2(p-2) - (5-p)}{6}$

$= \dfrac{2p - 4 - 5 + p}{6} = \dfrac{3p - 9}{6} = \dfrac{p-3}{2}$

POINT p の係数 3，数の項 -9，分母の 6 は，すべて 3 の倍数なので，3 で約分する。

4 (1) x の 3 倍と y の 4 倍の和 → $3x + 4y$

x と y の和の 2 乗 → $x + y$ の 2 乗 → $(x+y)^2$

(2) 「お金がたりない」より，所持金 < 代金

代金は $b \times m = bm$ (円) なので，$a < bm$

3 式の計算

本文 p.6

1 (1) $a+3b+1$　(2) $x-y$

　(3) $\dfrac{3a+7b}{20}$　(4) $-3x^3$

2 (1) $y=\dfrac{3a-x}{2}$　(2) $r=-\dfrac{3x}{pq}$

3 (1) ア…$n-1$　イ…$n+8$

　(2) n の上，下，左，右にある数は，
　$n-7$，$n+7$，$n-1$，$n+1$
　$(n-7)+(n+7)+(n-1)+(n+1)$
　$=4n-7+7-1+1=4n$
　これは n の 4 倍なので，n の上，
　下，左，右にある 4 個の数の和は，
　n の 4 倍に等しくなる。

解　説

1 (2) $(3x-5y)-2(x-2y)$
　$=3x-5y-2x+4y=x-y$

(3) $\dfrac{2}{5}(a-b)-\dfrac{a-3b}{4}=\dfrac{8(a-b)-5(a-3b)}{20}$

　$=\dfrac{8a-8b-5a+15b}{20}=\dfrac{3a+7b}{20}$

(4) $6x^2y\div(-2xy^3)\times(-xy)^2$

　$=-\dfrac{6x^2y\times x^2y^2}{2xy^3}=-3x^3$

POINT 単項式の乗除では答えの符号を先に
決めておくとよい。

2 (1) $3a=x+2y$　$x+2y=3a$

　$2y=3a-x$　$y=\dfrac{3a-x}{2}$

(2) $-\dfrac{pqr}{3}=x$　$-pqr=3x$　$r=-\dfrac{3x}{pq}$

3 (2) まず，n の上，下，左，右にある 4 個の数
を n を使った式で表す。次に，それらの和を
計算して簡単にし，n の 4 倍に等しくなるこ
とを示す。

4 1次方程式

本文 p.8

1 (1) $x=1$　(2) $x=3$　(3) $x=8$

　(4) $x=-4$

2 $a=-6$

3 (1) $x=16$　(2) $x=12$

4 子ども…12 人，お菓子…81 個

解　説

1 (1) $9-x=3x+5$　$-x-3x=5-9$
　$-4x=-4$　$x=1$

(2) $5(x-3)=2(6-2x)$
　$5x-15=12-4x$　$9x=27$　$x=3$

(3) $0.25x-1.6=0.08(x-3)$
　両辺を 100 倍すると，
　$25x-160=8(x-3)$
　$25x-160=8x-24$　$17x=136$
　$x=8$

(4) $\dfrac{3}{4}x=1-\dfrac{8-x}{3}$

　両辺を 12 倍すると，
　$9x=12-4(8-x)$
　$9x=12-32+4x$　$5x=-20$　$x=-4$

2 $5x+4a=ax-2$ に $x=2$ を代入して，
$5\times2+4a=2a-2$　$a=-6$

3 (1) $x:6=8:3$　$3x=6\times8$　$x=16$

(2) $x:(x+8)=3:5$
　$5x=3(x+8)$　$5x=3x+24$
　$5x-3x=24$　$2x=24$　$x=12$

4 子どもの人数を x 人とすると，お菓子の個
数の関係から，$5x+21=7x-3$　$x=12$
お菓子の個数は，$5x+21$（または $7x-3$）に
$x=12$ を代入して，
$5\times12+21=81$（個）
（または $7\times12-3=81$（個））

POINT 方程式の文章題では，方程式の解を
求めたあとに，解の確かめをしておくとよい。

5　連立方程式 (1)

本文 p.10

1 (1) $x=-9$, $y=9$　(2) $x=6$, $y=3$
2 (1) $x=2$, $y=-3$　(2) $x=2$, $y=-1$
3 (1) $x=-3$, $y=1$　(2) $a=15$, $b=9$

解　説

1　上の式を①，下の式を②とする。
(1)②－①×2
$$\begin{array}{r} 5x+6y=\ \ 9 \\ -)\ 4x+6y=18 \\ \hline x\ \ \ \ \ \ \ =-9\ \cdots③ \end{array}$$
③を①に代入して，$2\times(-9)+3y=9$
$y=9$
(2)②より，$y=2x-9$ …③
③を①に代入して，$3x-5(2x-9)=3$
$3x-10x+45=3$　$x=6$ …④
④を③に代入して，$y=2\times6-9=3$

POINT　係数に 1，－1 があれば代入法が簡単
な場合が多い。

2　上の式を①，下の式を②とする。
(1)①×6　$x+2(y-1)=-6$
　$x+2y=-4$ …③
　②×4　$3x-(y+1)=8$
　$3x-y=9$ …④
　③，④を解いて，$x=2$，$y=-3$
(2)①×4　$x-2y=4$ …③
　②÷200　$2x-y=5$ …④
　③，④を解いて，$x=2$，$y=-1$
3　(1)2つの式を組み合わせた形に書きなおす。
　$3x-y+9=2x+5y$ …①
　$2x+5y=x+4y-2$ …②
　①，②を解いて，$x=-3$，$y=1$
(2) $x=1$，$y=-3$ を代入して，
　$a-6=b$ …①　$3+3b=2a$ …②
　①，②を a，b の連立方程式として解いて，
　$a=15$，$b=9$

6　連立方程式 (2)

本文 p.12

1 (1) $\begin{cases} x+y=150 \\ 400x=600y\times3.5 \end{cases}$

　(2) A ランチ…126 食，
　　　B ランチ…24 食

2 (1) $\begin{cases} 400x+500y=1300000 \\ 400\times0.2x-500\times0.3y=10000 \end{cases}$

　(2)**常設展示…2400 人，
　　　特別展示…700 人**

解　説

1　(1)「合計で 150 食」より，$x+y=150$
A ランチの売上高は $400x$ 円，B ランチの
売上高は $600y$ 円
「A ランチの売上高は B ランチの売上高の
3.5 倍」より，$400x=600y\times3.5$
2　(1)先月の入館料の合計は 130 万円なので，
　$400x+500y=1300000$ …①

今月の入館者数について，常設展示で増えた
人数は $0.2x$ 人，特別展示で減った人数は
$0.3y$ 人で，今月の入館料の合計が 1 万円増
えているので，
　$400\times0.2x-500\times0.3y=10000$ …②
（②のかわりに
　$400\times1.2x+500\times0.7y=1310000$
を用いてもよい。）
(2)連立方程式の解は $x=2000$，$y=1000$
　これは先月の入館者数なので，今月の常設展
　示は $2000\times1.2=2400$（人），
　特別展示は $1000\times0.7=700$（人）

POINT　割合や百分率で量の増減が表されて
いるときは，「もとになっている量」を x，y と
おいて式をつくる。

7 比例と反比例 (1)

本文 p.14

1 (1)ア，ウ，エ

(2)比例…ア　反比例…ウ

2 (1)比例　(2)$y=20x$　(3)50m

3 (1)$y=\dfrac{24}{x}$　(2)$4\leqq y\leqq 12$

解 説

1 ア　正方形のまわりの長さ＝1辺の長さ×4 だから，$y=4x$（比例）

イ　身長のある1つの値に対して体重の値は1 つに決まらないので，関数ではない。

ウ　長方形の面積＝縦の長さ×横の長さ だから，

100＝xy　$y=\dfrac{100}{x}$（反比例）

エ　$x=2$→約数は1と2で2個→$y=2$

3の約数は2個，6の約数は4個，…とxの 値に対してyの値が1つに決まるので関数。

2 (1)針金の長さが2倍，3倍，…になると重 さも2倍，3倍，…になるので，比例の関係。

(2)針金1mの重さは $600\div 30=20$(g)

針金の重さ＝1mあたりの重さ×長さ の関 係から，$y=20x$

(3)1kg＝1000gと単位をなおしてから(2)の 式に代入して，$1000=20x$　$x=50$

3 (1)$\dfrac{1}{2}$×底辺×高さ＝三角形の面積 より，

$\dfrac{1}{2}\times x\times y=12$　$y=\dfrac{24}{x}$

(2)変域の両端の値を反比例の式から求める。

$x=2$ のとき，$y=12$

$x=6$ のとき，$y=4$

数の大小に注意すると，yの変域は，

$4\leqq y\leqq 12$

---

8 比例と反比例 (2)

本文 p.16

1 (1)(2)(3)

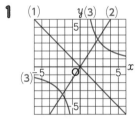

2 (1)$y=-\dfrac{2}{3}x$　(2)$y=-\dfrac{12}{x}$

(3)ア，エ

3 (1)2　(2)$y=\dfrac{12}{x}$　(3)−2

解 説

1 (1)$y=-x$ のグラフは点(1，−1)を通る。

(2)$x=2$ のとき $y=3$ だから，(2，3)を通る。

(3)$x=2$ のとき $y=4$，$x=4$ のとき$y=2$ な ので(2，4)，(4，2)を通る。$x<0$ の範囲 のグラフは座標の符号を逆にした点を通る。

2 (1)$x=3$，$y=-2$ を $y=ax$ に代入して，

$-2=a\times 3$　$a=-\dfrac{2}{3}$　よって，$y=-\dfrac{2}{3}x$

(2)$x=2$，$y=-6$ を $y=\dfrac{a}{x}$ に代入して，

$-6=\dfrac{a}{2}$　$a=-12$　よって，$y=-\dfrac{12}{x}$

(3)原点を通る直線を選ぶ。

3 (1)$y=\dfrac{1}{3}x$ に $x=6$ を代入して，

$y=\dfrac{1}{3}\times 6=2$ より，Aのy座標は2

(2)$x=6$，$y=2$ を $y=\dfrac{a}{x}$ に代入して，

$2=\dfrac{a}{6}$ より，$a=12$ よって，$y=\dfrac{12}{x}$

(3)AとBはx座標，y座標とも符号が逆で絶対 値が等しい。A(6，2)→B(−6，−2)

9　1次関数 (1)

本文 p.18

1 (1) 4　(2) 8

(3)式… $\dfrac{6-(-2)}{5-1}$　変化の割合…2

2 (1) 　(2)

3 ア… $y=x+3$　イ… $y=-3x+5$

　ウ… $y=\dfrac{2}{3}x-4$

解説

1 (1)増加量＝変化後の量－変化前の量
　＝5－1＝4

(2) $x=5$ のとき，$y=2\times5-4=6$
　$x=1$ のとき，$y=2\times1-4=-2$
　よって，y の増加量＝6－(－2)＝8

---

2 (1)切片は 3 だから，(0，3)とそこから右に
　1，下に 2 進んだ点(1，1)を通る直線をひ
　けばよい。

(2)切片は 2 だから，(0，2)とそこから右に 2,
　上に 1 進んだ点(2，3)を通る直線をひけば
　よい。

POINT　1次関数のグラフをかくときはまず
切片の位置をとり，次に傾きを考える。

3 ア…まず切片 3 を読み取る。
　点(0，3)から右に 1，上に 1 進むから，傾
　きは 1 となる。

イ…切片は 5。点(0，5)から右に 1，下に 3
　進むから，傾きは $\dfrac{-3}{1}=-3$ となる。

ウ…切片は－4。点(0，－4)から右に 3，上
　に 2 進むから，傾きは $\dfrac{2}{3}$ となる。

10　1次関数 (2)

本文 p.20

1 (1) $y=-2x+7$　(2) $y=-3x+8$
　(3) $y=3x+7$　(4) $y=2x-4$

2 (1)(－1，6)　(2)(－4，0)
　(3) 9　(4) 27

解説

1 (1)変化の割合が－2 だから，$y=-2x+b$
　とおいて，この式に $x=3$，$y=1$ を代入し
　て，1＝－2×3＋b　b＝7

(2) $y=ax+b$ に x，y の組(1，5)と(3，－1)
　を代入して，5＝a＋b，－1＝3a＋b
　これを解いて，$a=-3$，$b=8$

(3) $y=3x$ に平行なので，求める直線の傾きも
　3 になる。
　$y=3x+b$ に x，y の組(－2，1)を代入し
　て，1＝3×(－2)＋b　b＝7

(4) x の増加量は 2－(－1)＝3 だから，

変化の割合＝$\dfrac{y \text{の増加量}}{x \text{の増加量}}=\dfrac{6}{3}=2$

点(0，－4)を通るので，$b=-4$

POINT　1次関数の式を求めるときは，
$y=ax+b$ の 4 つの文字(定数 a，b と変数 x,
y)のうち，問題文からどの値がわかっているか
を考えよう。

2 (1) 2 直線の交点 A の座標は連立方程式の解
　となる。$2x+8=-x+5$ より，$x=-1$
　よって，$y=6$ となり，A(－1，6)

(2)点 B は x 軸上の点なので y 座標が 0
　$y=2x+8$ に $y=0$ を代入して，$x=-4$

(3)点 C の x 座標を求めるには，イの式
　$y=-x+5$ に $y=0$ を代入して，$x=5$
　B(－4，0)，C(5，0)より，
　BC＝5－(－4)＝9

(4)底辺は BC，高さは x 軸から点 A までの距
　離と考える。BC＝9，高さは点 A の y 座標
　と等しく 6 となるから，$\dfrac{1}{2}\times9\times6=27$

11　平面図形 (1)

本文 p.22

1 (1) CF＝AD，CF ∥ AD
　　(2)∠BAC
2 (1)三角形ソ
　　(2)回転移動（点対称移動）
　　(3)①平行，対称　②シ，平行
3 50°

（ 解 説 ）

1 (1)線分や辺の長さ・面積などの量が等しい
　ことは等号（＝）を使って表す。
　　辺の位置関係は平行を表す記号（∥）や垂直
　を表す記号（⊥）を使って表す。
　(2)移動前と移動後の２つの図形は合同なので，
　対応する辺の長さや角の大きさは等しい。
2 (1)平行移動では移動前と移動後で図形の向
　きは変わらないので，三角形アと同じ向きの
　三角形をさがす。

(2)図形全体の真ん中の点を回転の中心として
　180°回転移動すると重なる。
　　180°の回転移動（点対称移動）は，移動前
　と移動後で点対称な位置に移る。「対称移動」
　は線対称な位置に移る移動である。
(3)三角形ケは向きを変えて置いても三角形カと
　重ならないので，１回の対称移動によって裏
　返しになっている。
　①先に平行移動，次に対称移動。
　②三角形ケから１回の対称移動で重なる三角
　　形はシしかない。

（POINT）　図形の移動では，向きを変えたりず
らしてみて重ねることができるか，それとも裏
返しになっているか見きわめることが重要であ
る。

3　円の接線はその接点を通る半径に垂直だか
ら，∠PAO＝∠PBO＝90°
四角形 APBO の内角の和は360°なので，
∠APB＝360°－90°－90°－130°＝50°

12　平面図形 (2)

本文 p.24

1 (1)　　　　　　　　　(2)

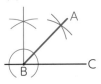

　　(3)

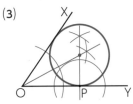

2 (1)弧の長さ…12πcm，
　　面積…48πcm²
　　(2)中心角…120°，面積…12πcm²
　　(3) 8πcm²

（ 解 説 ）

1 (1)点 P は線分 AB の垂直二等分線上にある。

（POINT）　２点から等しい距離にある点の作図
は垂直二等分線，２辺から等しい距離にある点
の作図は角の二等分線を使う。

(2)B を通る垂線をひくと90°の角ができる。
　それを２等分すればよい。
(3)円の中心は P を通る OY の垂線と∠XOY の
　二等分線の交点である。

2 (1)弧の長さは，$2\pi \times 8 \times \dfrac{270}{360} = 12\pi$ (cm)

　面積は，$\pi \times 8^2 \times \dfrac{270}{360} = 48\pi$ (cm²)

(2)円周と弧の長さの割合から中心角を求める。
　半径 6 cm の円周は，$2\pi \times 6 = 12\pi$ (cm)，
　弧の長さは 4πcm なので，中心角は，

　$360° \times \dfrac{4\pi}{12\pi} = 120°$

　面積は，$\pi \times 6^2 \times \dfrac{120}{360} = 12\pi$ (cm²)

(3)$\pi \times 8^2 \times \dfrac{1}{4} - \pi \times 4^2 \times \dfrac{1}{2} = 8\pi$ (cm²)

13 空間図形（1）

本文 p.26

1 (1) 5, 9　(2) 7, 7　(3) 円柱

2

	正四面体	正六面体	正八面体	正十二面体	正二十面体
面の形	正三角形	正方形	正三角形	正五角形	正三角形
面の数	4	6	8	12	20
1つの頂点に集まる面の数	3	3	4	3	5
辺の数	6	12	12	30	30
頂点の数	4	8	6	20	12

3 (1)○　(2)○　(3)×

解説

1 簡単な見取図をかいてみるとよい。

(1) 　(2) 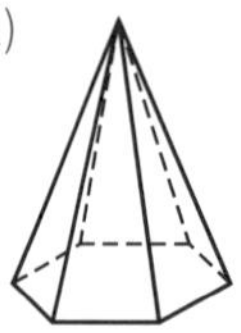 　(3)

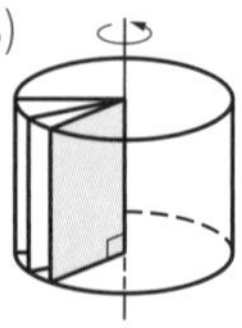

3 (1)平面が決まる条件を確認しておく。

(2)直方体の見取図をかいて，面や辺を使って位置関係を考える。下の図のように，面Pと面Rが垂直に交わっていて，面Pと面Qが平行であれば，面Qと面Rは垂直である。

(3)直線 ℓ を辺BC，直線 m を辺ADとすると，直線 ℓ と直線 m はともに面Pに平行で，$\ell \parallel m$ であるから正しい。しかし，直線 ℓ を辺BC，直線 m を辺ABとすると，直線 ℓ と直線 m はともに面Pに平行で，直線 ℓ と直線 m は平行ではないので，つねに正しいとはいえない。

(2) 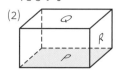　(3)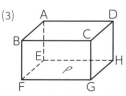

> **POINT** あてはまらない例が1つでもあれば，正しいとはいえないので，それを1つでも見つければよい。

14 空間図形（2）

本文 p.28

1 (1) 125 cm³　(2) 85 cm²

　(3) 体積…80π cm³，

　　表面積…72π cm²　(4) 6π cm³

2 体積…144π cm³，

　　表面積…108π cm²

解説

1 (1) $\frac{1}{2} \times (6+4) \times 5 \times 5 = 125 \, (\mathrm{cm}^3)$

(2)正方形の面積＋三角形の面積×4 で求められる。側面の三角形は底辺5cm，底辺に対する高さは6cmだから，

$5 \times 5 + \frac{1}{2} \times 5 \times 6 \times 4 = 85 \, (\mathrm{cm}^2)$

(3)体積は円の面積×高さで求められる。

$\pi \times 4^2 \times 5 = 80\pi \, (\mathrm{cm}^3)$

表面積は円の面積×2＋側面積で求められる。

側面の長方形の横の長さは底面の円周に等しく，$2\pi \times 4$ (cm)

$\pi \times 4^2 \times 2 + 5 \times 2\pi \times 4$
$= 32\pi + 40\pi = 72\pi \, (\mathrm{cm}^2)$

(4)底面は半径3cmで，高さ4cmの円錐の半分である。

$\frac{1}{3} \times \pi \times 3^2 \times 4 \times \frac{1}{2} = 6\pi \, (\mathrm{cm}^3)$

2 体積は，半径6cmの球の体積の半分である。

$\frac{4}{3} \times \pi \times 6^3 \times \frac{1}{2} = 144\pi \, (\mathrm{cm}^3)$

表面積は，球の表面積の半分＋切り口の円の面積 で求められる。

$4\pi \times 6^2 \times \frac{1}{2} + \pi \times 6^2 = 108\pi \, (\mathrm{cm}^2)$

> **POINT** 円柱や半球の表面は平面と曲面がある。表面積を求めるときは平面の面積と曲面の面積をそれぞれ求め，たす。

15 図形の角と合同（1）

本文 p.30

1 (1) 80°　(2) 50°　(3) 80°
2 (1) 85°　(2) 35°
3 (1) 180°　(2) 1800°

解　説

1 同位角・錯角の位置で等しい角を見つけていく。(1), (3)は，角の頂点を通る平行線をひく。
(1) $\angle x = 25° + 55° = 80°$
(2) $\angle x = 105° - 55° = 50°$
(3) $55° - 20° = 35°$　$\angle x = 35° + 45° = 80°$
2 三角形の外角の性質を利用する。
(1) $60° + 55° = \angle x + 30°$ より，
$\angle x = 60° + 55° - 30° = 85°$
(2) $\angle ABE = \angle EBD = \angle a$，
$\angle ACE = \angle ECD = \angle b$ とする。
$\angle ACD - \angle ABC = \angle BAC$ より，
$2\angle b - 2\angle a = 70°$　$\angle b - \angle a = 35°$

また，$\angle ECD - \angle EBC = \angle BEC$ より，
$\angle b - \angle a = \angle x = 35°$

[POINT] 三角形の外角の性質を利用して，三角形の2つの内角の和を考えたり，その和を1つの角におきかえる。

3 (1)右の図で，$\angle b + \angle e$
$= \angle h = \angle f + \angle g$ より，
$\angle a + \angle b + \angle c + \angle d + \angle e$
$= \angle a + \angle c + \angle d$
$\quad + (\angle b + \angle e)$
$= \angle a + \angle c + \angle d$
$\quad + (\angle f + \angle g)$
$= \angle a + (\angle c + \angle f) + (\angle d + \angle g)$
よって，求める角の大きさは，三角形の内角の和に等しいので，180° 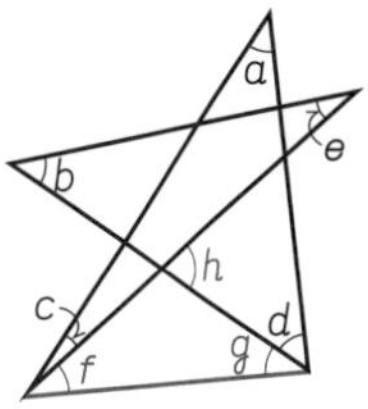
(2)正多角形の内角が150°なので，1つの外角は30°になる。多角形の外角の和は360°なので，360÷30＝12 より，正十二角形
よって，180°×(12−2)＝1800°

16 図形の角と合同（2）

本文 p.32

1 (1) 2組の辺とその間の角がそれぞれ等しい。
(2) △ABC と △CDA において，
仮定より，AB＝CD …①
∠BAC＝∠DCA …②
AC は共通 …③
①，②，③より，2組の辺とその間の角がそれぞれ等しいので，
△ABC≡△CDA
2 (1) △OAC と △OBC
(2) 3組の辺がそれぞれ等しい。
(3) △OAC と △OBC において，
仮定より，OA＝OB …①
AC＝BC …②
OC は共通 …③
①，②，③より，3組の辺がそれぞ

れ等しいので，△OAC≡△OBC
合同な図形で対応する角の大きさは等しいので，∠AOC＝∠BOC
よって，半直線 OC は∠XOY の二等分線になる。

解　説

1 三角形の合同を証明するときは，まず図の中で問題文の仮定から等しいことが分かる辺や角に同じ記号をつけ，合同条件にあうような辺や角を3組見つける。

[POINT] 共通な辺は問題文に書かれていなくても長さが等しいとしてよい。

2 三角形の合同（△OAC≡△OBC）を証明したあとで，その証明の結果によって等しいことがわかった辺や角（∠AOC＝∠BOC）が
結論（半直線 OC は∠XOY の二等分線）と結びついている問題である。

17 三角形と四角形 (1)

本文 p.34

1 (1) 35°　(2) 25°

2 ア…APQ　イ…APQ　ウ…PDB
　　エ…PBD　オ…PDB

3 △ADB と △AEC において,
仮定より, AB=AC …①
∠ADB=∠AEC=90° …②
対頂角は等しいから,
∠DAB=∠EAC …③
①, ②, ③より, 直角三角形の斜辺と
1つの鋭角がそれぞれ等しいので,
△ADB≡△AEC

解説

1 (1)二等辺三角形の底角と三角形の外角の性質を利用する。∠x 2つ分と等しい大きさの角が 110° ととなり合うので,
∠x=(180°−110°)÷2=35°

(2)直角二等辺三角形の底角は 45° なので, ∠B, ∠C, ∠E, ∠ADE は 45°
70°の角を三角形の外角とみて,
∠EAC=70°−45°=25°
∠x=90°−∠DAC=∠EAC だから,
∠x=25°

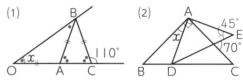

(1)　(2)

2 ∠PBD から出発して ∠PDB まで等しい角を順につないでいく文になっている。
∠PBD=∠APQ …①　←A=B
∠APQ=∠DPQ …②　←B=C
∠DPQ=∠PDB …③　←C=D
①, ②, ③より, ∠PBD=∠PDB　←A=D

POINT 等しいことを証明するには等式の書き方や並べ方を工夫して, 根拠をわかりやすく伝えるように心がける。

18 三角形と四角形 (2)

本文 p.36

1 ア…EAO　イ…FCO
　　ウ…対頂角は等しい
　　エ…AOE　オ…COF
　　カ…1組の辺とその両端の角がそれ
　　　　ぞれ等しい
　　キ…EO　ク…FO
　　ケ…対角線がそれぞれの中点で交わ
　　　　る

2 (1)長方形　(2)ひし形　(3)長方形

3 A を通って BD に平行な直線をひき,
半直線 CD との交点を E とする。

解説

1 問題文から等しいといえる辺は AO=CO だけである。EO と FO, AE と CF はそれだけでは等しいといえない。

△AOE≡△COF を証明したあとで, 四角形 AFCE が平行四辺形となる根拠を示す。
①で O が対角線 AC の中点であることに触れているので, 対角線 EF について EO=FO を示せばよい。

POINT 図で等しく見える辺や角が, 等しいといえる根拠があるかどうかを見きわめる。

2 (1)対角線の長さが等しい。(長方形の性質)
(2)∠AOB=∠AOD=90°
対角線が垂直に交わるので, ひし形である。
(3)AD∥BC より, ∠DAO=∠BCO,
∠ADO=∠CBO だから,
∠BCO=∠DAO=∠CBO=∠ADO
△AOD と △BOC は合同な二等辺三角形で,
AO=BO=CO=DO より, AC=BD
対角線の長さが等しいので, 長方形である。

3 BD∥AE とすれば △ABD=△EBD となり, それぞれに△BCD の面積をあわせると, 四角形 ABCD の面積と△BCE の面積が等しくなる。

19 資料の整理

本文 p.38

1 (1) 20% (2) 0.44 (3) 21分

2 (1) 0.25 (2) 155 cm

3 (1) 第1四分位数…63
　　第2四分位数…69
　　第3四分位数…74

(2)
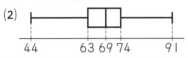

解 説

1 (1) 30分以上40分未満と40分以上50分未満の2つの階級の度数の合計は
3+2=5（人）で，クラスの合計は25人だから，5÷25×100=20（%）

(2) 度数がもっとも多い階級は10分以上20分未満で，その度数は11人である。11÷25=0.44

(3) 度数分布表から平均値を求めるときは，階級

値を使う。
(5×3+15×11+25×6+35×3+45×2)÷25=525÷25=21（分）

2 (1) 170 cm以上180 cm未満の度数は4人，160 cm以上170 cm未満は7人。4+7=11（人）より，高い方から10番目の人は160 cm以上170 cm未満の階級に入る。全体の度数は28人だから，7÷28=0.25

(2) 最頻値は度数がもっとも多い階級の階級値である。150 cm以上160 cm未満の階級値なので，155 cm

3 (1) データの値を小さい順に並べると，
44，51，63，64，67，71，73，74，83，91

第2四分位数は，$\frac{67+71}{2}=69$

第1四分位数は，44，51，63，64，67の中央値で63

第3四分位数は，71，73，74，83，91の中央値で74

20 確 率

本文 p.40

1 (1) $\frac{1}{6}$ (2) $\frac{1}{4}$

2 (1) $\frac{3}{5}$ (2) 10通り (3) $\frac{9}{10}$

3 (1) $\frac{2}{5}$ (2) $\frac{13}{25}$

解 説

1 目の出方は全部で36通り
(1) 和が10以上の数になる出方は(4，6)(5，5)(5，6)(6，4)(6，5)(6，6)の6通りあるから，$\frac{6}{36}=\frac{1}{6}$

(2) 積が奇数の出方は，(1，1)(1，3)(1，5)(3，1)(3，3)(3，5)(5，1)(5，3)(5，5)つまり奇数×奇数で9通りあるから，$\frac{9}{36}=\frac{1}{4}$

2 (1) 1枚のひき方は全部で5通り

奇数は1，3，5の3通りあるから，$\frac{3}{5}$

(2) 2枚のひき方は全部で(1，2)(1，3)(1，4)(1，5)(2，3)(2，4)(2，5)(3，4)(3，5)(4，5)の10通り

(3) 「少なくとも1枚は奇数」が起こらないひき方は「2枚とも偶数」で，(2，4)の1通り
2枚とも偶数になる確率は$\frac{1}{10}$なので，求める確率は，$1-\frac{1}{10}=\frac{9}{10}$

POINT 「少なくとも」のように場合が多いときは残りの確率を求め，1からひく。

3 (2) 2個の取り出し方は全部で5×5=25（通り）
玉の色が同じになるのは，赤玉のとき 2×2=4（通り），白玉のとき 3×3=9（通り）あるので，全部で 4+9=13（通り）
よって，求める確率は$\frac{13}{25}$

中学 1・2年の総復習テスト ①

本文 p.42〜43

1 (1) 9　(2) 5　(3) $5x-7y$　(4) $36ab^2$

2 (1) $x=-2$　(2) $y=-8$

　(3) $3a+4b\leqq3000$　(4) $\dfrac{2}{5}$

3 115°

4 ウ，ア，イ

5 (1)下の図　(2) $x=5,\ 11$

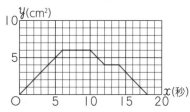

解 説

1 (1) $5-(-4)=5+4=9$

(2) $13+(-4)\times2=13+(-8)=13-8=5$

(3) $4(2x-y)-3(x+y)$
$=8x-4y-3x-3y=8x-3x-4y-3y$
$=5x-7y$

(4) $8a^2b\div2a^2\times9ab$
$=\dfrac{8a^2b\times9ab}{2a^2}=\dfrac{\overset{4}{\cancel{8}}\overset{}{a^2}b\times9ab}{\cancel{2a^2}}=36ab^2$

2 (1) $2x-5=3(2x+1)$
$2x-5=6x+3$　$2x-6x=3+5$
$-4x=8$　$x=-2$

(2)反比例の式 $y=\dfrac{a}{x}$ に $x=4$, $y=-4$ を代入して式を求める。

$-4=\dfrac{a}{4}$　$a=-16$

$y=-\dfrac{16}{x}$ に $x=2$ を代入して，

$y=-\dfrac{16}{2}=-8$

別解　反比例の関係では積 xy が一定なので，
$4\times(-4)=-16$
よって，$y=-16\div2=-8$

(3)「x は y 以下」という関係は「$x\leqq y$」と表す。

(4)カードの取り出し方は $3\times5=15$(通り)
積が奇数になる取り出し方は奇数×奇数，つまり(A, B)=(①, ①)(①, ③)(①, ⑤)

(③, ①)(③, ③)(③, ⑤)の 6 通り。

よって，求める確率は，$\dfrac{6}{15}=\dfrac{2}{5}$

POINT 「積が奇数になる」ことがらが起こる場合が分かりにくいときは，数の組を全部書き出して何通りあるか数えあげる。

3 折り返しと平行線の錯角の関係から，
∠HFE＝∠BFE より，
∠HFE＝$(180°-50°)\div2=65°$
∠GEF＝∠AEF＝∠CFE＝∠CFH＋∠HFE
＝$50°+65°=115°$

4 アとイは高さが等しい柱体だから，底面積だけを比べればよい。底面積はア＜イより，体積もア＜イ

また，アとウの高さを h とすると，それぞれの体積は，

ア…$\dfrac{1}{2}\times4\times4\times h=8h$(cm³)

ウ…$\dfrac{1}{3}\times4\times4\times h=\dfrac{16}{3}h$(cm³)

よって，ウ＜アより，小さい順に並べると，ウ，ア，イ

5 (1)点Ｐが Ｂから Ａまで動くとき，△GBP の高さだけが変化する。点 Ｐは一定の速さで動くので，高さと△GBP の面積も一定の割合で変化し，y は x の 1 次関数となる。高さの変化の割合が変わるところ(頂点 C，D，E，F，A)に着目して，それぞれの頂点に Ｐがあるときの x，y の値を求めてグラフ上に点を打ち，順に線分で結べばよい。

点Ｂ…$x=0$, $y=0$
点Ｃ…$x=6$, $y=6$
点Ｄ…$x=10$, $y=6$
点Ｅ…$x=12$, $y=4$
点Ｆ…$x=14$, $y=4$
点Ａ…$x=18$, $y=0$

POINT 高さだけが一定の割合で変化することから，直線のグラフになる。グラフの傾きが変わるところに着目すると，それぞれの式を求めなくてもグラフをかくことができる。

(2)グラフで $y=5$ のときの x の値を読み取る。

中学 1・2 年の総復習テスト ②

本文 p.44~45

1 (1) 7　(2) −8　(3) $8a+7b$　(4) $6a$

2 (1) $a=4b-5$　(2) $120°$
　(3) $36\pi\,cm^3$　(4) $110°$

3

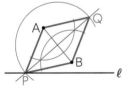

4 男子…180 人，女子…200 人

5 (1) 2.5L　(2) $y=-2.5x+120$
　(3) 48 分後

解　説

1 (1) $3-(2-6)=3-(-4)=3+4=7$
(2) $-3+5\times(-1)^3=-3+5\times(-1)$
　　$=-3-5=-8$
(3) $9a+4b-(a-3b)=9a+4b-a+3b$
　　$=8a+7b$
(4) $(-3a)^2\div\dfrac{3}{2}a=9a^2\times\dfrac{2}{3a}=3a\times2=6a$

2 (1) $2a-8b+10=0$　$2a=8b-10$
　　$a=4b-5$
(2) 円周と弧の長さの割合から中心角を求める。
　　母線の長さ 12 cm を半径とする円周の長さ
　　は，$2\pi\times12=24\pi$(cm)
　　弧の長さは底面の円周に等しいので，
　　$2\pi\times4=8\pi$(cm)
　　円周と弧の長さの割合は $\dfrac{8\pi}{24\pi}$ となるので，
　　中心角は $360°\times\dfrac{8\pi}{24\pi}=120°$

別解　円錐の側面の中心角の公式
　$a=360\times\dfrac{r}{R}$ を使うと，
　$a=360\times\dfrac{4}{12}=120°$

(3) 半径 3 cm，高さ 3 cm の円柱の上に，同じ
　　底面で高さ 3 cm の円錐を重ねた立体にな
　　る。
　　$\pi\times3^2\times3+\dfrac{1}{3}\times\pi\times3^2\times3=27\pi+9\pi$

　　$=36\pi$ (cm³)

(4) $\angle BAD=\angle CAD=\angle a$,
　　$\angle BCD=\angle ACD=\angle b$ とする。
　　$\triangle ABC$ の内角の関係から，
　　$40°+2\angle a+2\angle b=180°$
　　$2\angle a+2\angle b=140°$ より，
　　$\angle a+\angle b=70°$…①
　　$\triangle ADC$ の内角の関係から，
　　$\angle x+\angle a+\angle b=180°$
　　①より，$\angle a+\angle b=70°$ なので，
　　$\angle x+70°=180°$　$\angle x=110°$

3 ひし形の対角線は垂直に交わることを利用
する。点 P，Q は線分 AB の垂直二等分線上に
あり，線分 AB から等しい距離にある点である。

4 昨年度の男子の生徒数を x 人，女子の生徒
数を y 人とする。
昨年度の生徒数は男女合わせて 380 人なので，
$x+y=380$ …①
今年度の生徒数は全体で 15 人増えているので，
$0.05x+0.03y=15$ …②
①，②を連立方程式として解く。
②の両辺を 100 倍して，
$5x+3y=1500$ …③
③−①×3　　$5x+3y=1500$
　　　　　$-)3x+3y=1140$
　　　　　　　　$2x=360$　$x=180$…④
④を①に代入して，$180+y=380$　$y=200$
$x=180$，$y=200$ より，
男子は 180 人，女子は 200 人

5 (1) はじめの 8 分で 20 L 減っているので，
　　$20\div8=2.5$(L)
(2) グラフから，y は x の 1 次関数である。
　　1 分で 2.5 L 減るので，変化の割合は −2.5
　　最初に入っている水の量が 120 L だから，
　　$y=-2.5x+120$

POINT　x の値が 1 増加するときの y の増加
量が変化の割合だから，1 分あたりの水が減る
量を表す「−2.5」が変化の割合である。

(3) $y=0$ のときの x の値を求める。
　　$-2.5x+120=0$　$2.5x=120$　$x=48$
　　よって，48 分後

中学1・2年の総復習テスト③

本文 p.46〜48

1 (1)-63　(2)$\dfrac{9}{35}$　(3)$7y$　(4)a^2b^3

2 (1)ア，ウ　(2)$x=1$，$y=-5$

　　(3)$y=\dfrac{15}{x}$　(4)$120°$

3 166点

4 (1)ア…4000　イ…10　ウ…200

　　(2)① $y=-300x+4000$

　　　② 12時8分

5 18cm

6 △ADC と △AEB において，

　仮定より，AC＝AB …①

　∠ADC＝∠AEB＝90° …②

　∠A は共通 …③

　①，②，③より，直角三角形の斜辺と

　1つの鋭角がそれぞれ等しいので，

　△ADC≡△AEB

　対応する辺は等しいので，AD＝AE

7 (1)31 cm　(2)14 枚

解説

1 (1)$7\times(-9)=-(7\times9)=-63$

(2)$-\dfrac{1}{7}+\dfrac{2}{5}=-\dfrac{5}{35}+\dfrac{14}{35}=\dfrac{9}{35}$

(3)$2(x+3y)-(2x-y)$
　$=2x+6y-2x+y=7y$

(4)$ab\times a\times(-b)^2=ab\times a\times b^2=a^2b^3$

2 (1)ア…2つの負の数の積は正

　イ…負の数の2倍は負

　ウ…負の数を2回かけると正

　エ…負の数を3回かけると負

　オ…a の逆数とは，a とかけあわせて1にな
　　る数。1は正の数なので，a が負の数の
　　ときは逆数も負の数である。

(2)$4x+y=-1$ …①　$x-2y=11$ …②

　②より，$x=2y+11$ …③

　③を①に代入して，

　$4(2y+11)+y=-1$

　$8y+44+y=-1$　$9y=-45$　$y=-5$

③に代入して，$x=2\times(-5)+11$　$x=1$

(3)反比例の式 $y=\dfrac{a}{x}$ に $x=-3$，$y=-5$ を

　代入して a を求める。

　$-5=\dfrac{a}{-3}$　$a=15$ より，$y=\dfrac{15}{x}$

(4)∠x 以外の4つの外角の和は

　$70°+45°+80°+105°=300°$

　外角の和は $360°$ なので，∠x の外角は，

　$360°-300°=60°$

　よって，∠$x=180°-60°=120°$

3 平均値＝(階級値×度数)の和÷全体の度数

各階級の階級値は 150，170，190 だから，

$(150\times3+170\times6+190\times1)\div10$

$=(450+1020+190)\div10=166$(点)

4 (1)ア…家から駅までの距離はグラフの y 軸
　　で表されている。30分の y 軸の値を読み
　　取って，4000 m

　イ…最初は走って行き，途中から歩いて行っ
　　たので，グラフの傾きが変わるところに目
　　をつける。時刻を答えるので，x 軸の数を
　　読み取って 10分

　ウ…グラフから，家を出発して10分で
　　2000 m 進んでいることを読み取る。
　　速さ＝道のり÷時間 より，
　　分速は，$2000\div10=200$(m)

> **POINT** 速さは，グラフの傾きと等しくなっ
> ている。

(2)① B さんは分速 300 m の速さで家へ向かう
　ので，x の値が1増加するとき y の値は
　300 減少する。
　よって，変化の割合は -300 で，$x=0$ の
　とき $y=4000$ より，式は $y=-300x+$
　4000 となる。

　② 12時から12時10分までの範囲では，
　A さんは分速 200m の速さで家から駅へ向
　かっている。そのときの x と y の関係は，
　$y=200x$ $(0\leqq x\leqq10)$ と表される。
　一方，B さんが駅を出発してから x 分後の家
　からの距離 y m の関係は，①より，
　$y=-300x+4000$ である。2人が出会
　うのは，グラフの交点だから，これら2つの

式を連立方程式として解いて，

$200x = -300x + 4000$

$200x + 300x = 4000$　$500x = 4000$

$x = 8$

この値は $0 \leqq x \leqq 10$ にあるので正しい。

よって，AさんとBさんが出会うのは，

12時8分

5　半球の体積を求めると，

$\dfrac{4}{3} \times \pi \times 9^3 \times \dfrac{1}{2} = 486\pi \,(\text{cm}^3)$

円錐の高さを h cm として体積を表し，これが半球と等しい体積になることから，

$\dfrac{1}{3} \times \pi \times 9^2 \times h = 486\pi$

$27\pi h = 486\pi$　$h = 18$

6　等しいことを証明する AD と AE をそれぞれ辺にもつ三角形を見つける。

7　まず1枚，2枚，3枚，…と何枚かの長さの式をつくって，規則性を見つける。

1枚…7　　　　　　= 7(cm)

2枚…7+6　　　　=13(cm)

3枚…7+6+6　　 =19(cm)

4枚…7+6+6+6=25(cm)

(1) 7+6+6+6+6=31(cm)

(2) n 枚のときの長さを，n を使った式で表す。

最初の1枚の「7」を 1+6 に分けると，

1枚…1+6

2枚…1+6+6

3枚…1+6+6+6

4枚…1+6+6+6+6

「6」は枚数と同じ数だけ並ぶので，

n 枚…1+6n

$n = 2$ のとき，$1 + 6 \times 2 = 13$

$n = 3$ のとき，$1 + 6 \times 3 = 19$ より，正しい。

長さが85 cm になるときは，

$1 + 6n = 85$　$6n = 84$　$n = 14$

別解　重なりの1 cm をひくと考えると，

1枚…7

2枚…$7 \times 2 - 1$

3枚…$7 \times 3 - 1 - 1$

4枚…$7 \times 4 - 1 - 1 - 1$

n 枚つないだときの重なりは$(n-1)$か所

n 枚…$7 \times n - 1 \times (n - 1)$

　　= $7n - n + 1 = 6n + 1$